Ուսուցում

Eureka Math®
Դասարան 1
Մոդուլ 6

Great Minds PBC is the creator of Eureka Math®,
Wit & Wisdom®, Alexandria Plan™, and PhD Science™.

Published by Great Minds PBC. greatminds.org

Copyright © 2020 Great Minds PBC. All rights reserved. No part of this work may be reproduced or used in any form or by any means—graphic, electronic, or mechanical, including photocopying or information storage and retrieval systems—without written permission from the copyright holder.

ISBN 978-1-64929-160-8

1 2 3 4 5 6 7 8 9 10 XXX 25 24 23 22 21 20

Printed in the USA

Ուսուցում • Պրակտիկա • Արդյունք

«Eureka Math»-ի® «A Story of Units»® աշակերտների համար նյութերը (K–5) հասանելի են *Ուսուցում, Պրակտիկա, Արդյունք* եռյակում: Այս շարքը նպաստում է, որպեսզի նյութերը լինեն տարաբնույթ և հետաքրքիր՝ միևնույն ժամանակ կանոնակարգված և հասանելի: *Ուսուցիչները կբացահայտեն, որ «Ուսուցում, Պրակտիկա և Արդյունք» շարքն առաջարկում է նաև համապարփակ և, հետևաբար, ավելի արդյունավետ եղանակ՝ Անհատական մոտեցման ցուցաբերման, լրացուցիչ աշխատանքների և ամառային ուսուցման կազմակերպման համար:*

Ուսուցում

Eureka Math-ի «Ուսուցում» բաժինը ծառայում է աշակերտին որպես ուսումնական ուղեցույց, որտեղ նրանք ներկայացնում են այն, ինչ մտածում են և գիտեն, և ամեն օր զարգացնում են իրենց գիտելիքները: «Ուսուցում» բաժնում ներառված ամենօրյա դասարանային աշխատանքները՝ գործնական խնդիրները, գնահատման թերթիկներ, խնդիրները, ձևանմուշները, ներկայացված են դյուրահաս ձևով և ծավալով:

Գործնական աշխատանք

Յուրաքանչյուր *«Eureka Math»-ի դաս* սկսվում է մի շարք ակտիվ, իմացության ստուգման ուրախ վարժություններով՝ այդ թվում *Eureka Math-ի «Պրակտիկա» բաժնում ներառվածները:* Այն աշակերտները, ովքեր ավելի շատ գիտելիքներ ունեն մաթեմատիկայից, կարող են ավելի շատ նյութ յուրացնել առավել խորությամբ: «Պրակտիկա» *բաժնում* աշակերտները զարգացնում են նոր ձեռք բերված գիտելիքի կիրառման հմտությունները և ամրապնդում են նախորդ դասը՝ նախապատրաստվելով հաջորդին:

«Ուսուցում» և «Պրակտիկա»*բաժինները* միասին աշակերտներին տրամադրում են տպագիր բոլոր նյութերը, որոնք նրանք կօգտագործեն մաթեմատիկայի հիմնական դասընթացի համար:

Արդյունք

Eureka Math-ի «Արդյունք» բաժինն աշակերտներին հնարավորություն է տալիս ինքնուրույն վարպետանալ: Լրացուցիչ խնդիրները համահունչ են դասի նյութին և հարմար են որպես տնային կամ լրացուցիչ աշխատանք հանձնարարելու համար: Խնդիրներն ուղեկցվում են «Տնային աշխատանքի օգնականով», որն իրենից ներկայացնում է խնդիրների լուծման օրինակներ՝ ցույց տալով, թե ինչպես պետք է լուծել նմանատիպ խնդիրները:

Ուսուցիչներն ու դասավանդողները կարող են օգտագործել նախորդ մակարդակների *«Արդյունք» բաժնի* դասագիրքը՝ որպես ուսուցման ծրագրի մաս՝ հիմնարար գիտելիքների բացը լրացնելու համար: Աշակերտներն ավելի արագ կընկալեն ու կյուրացնեն, քանի որ ծանոթ նյութի կրկնությունը դյուրացնում է ընթացիկ մակարդակի բովանդակության կապի ստեղծումը նախորդի հետ:

EUREKA MATH®

Աշակերտներ, ընտանիքի անդամներ և դասավանդողներ,

Շնորհակալություն *Eureka Math* ®թիմի անդամ դառնալու համար. այստեղ մենք վայելում ենք մաթեմատիկայի պարզւած ուրախությունը, բերկրանքը և սուր զգացմունքները:

Eureka Math-ի *դասին նոր* նյութը յուրացվում է մեծ քանակությամբ գործնական աշխատանքների և մտքերի փոխանակման արդյունքում: *«Ուսուցում»* գիրքը յուրաքանչյուր աշակերտի առաջարկում է հուշումներ և խնդիրների լուծման քայլեր, որոնք անհրաժեշտ են դասարանում սովորածն արտահայտելու և ամրապնդելու համար:

Ի՞նչ է իրենից ներկայացնում «Ուսուցում» դասագիրքը:

Գործնական խնդիրներ՝ իրական կյանքում խնդիրների լուծումը *«Eureka Math»-ի առաքելության անքակտելի մասն է:* Աշակերտները վստահություն և հաստատակամություն են ձեռք բերում, երբ իրենց գիտելիքները կիրառում են նոր և տարաբնույթ իրավիճակներում: Ուսումնական ծրագիրը խրախուսում է աշակերտներին կիրառել ԿՆԳ եղանակը.Կարդալ խնդիրը, Նկարել՝ խնդիրը հասկանալու համար, և Գրել հավասարումն ու լուծումը: Ուսուցիչները խրախուսում են, որպեսզի աշակերտները ցույց տան իրենց աշխատանքը և մեկը մյուսին բացատրեն, թե լուծման ինչ ռազմավարություն են ընտրել:

Խնդիրներ: Ճիշտ հաջորդականությամբ ընտրված խնդիրները հնարավորություն են տալիս դասարանում ինքնուրույն աշխատել՝ անցում կատարելով մյուս խնդիրներին: Ուսուցիչները կարող են կիրառել նախապատրաստման և անհատականացման գործընթաց՝ յուրաքանչյուր ուսանողի համար «Պետք է անել» խնդիրներն ընտրելու համար: Որոշ աշակերտներ ավելի շատ խնդիրներ են լուծում, քան մյուսները. կարևորն այն է, որ բոլոր աշակերտներն ունենան 10 րոպե ժամանակ՝ իրենց սովորածը ուսուցչին անմիջապես ցույց տալու համար՝ նրա կողմից ստանալով թեթև օգնություն:

Դասի կուլմինացիոն պահը աշակերտների խնդիրների լուծումների պատասխաններն են՝ հարցուպատասխանը: Այստեղ աշակերտները մտածում են իրենց հասակակիցների և ուսուցչի հետ՝ ձևակերպելով և ամրապնդելով այն, ինչ նրանց հետաքրքրել է, նկատել են և սովորել են օրվա ընթացքում:

Գնահատման թերթիկներ: Աշակերտներն ուսուցչին ցույց են տալիս իրենց գիտելիքները ամենօրյա Գնահատման թերթիկների միջոցով: Գիտելիքի այս ստուգումը ուսուցչին կարևոր տեղեկություն է հաղորդում տվյալ օրվա ուսուցման արդյունավետության վերաբերյալ՝ ցույց տալով նրան, թե ինչի վրա պետք է ուշադրություն դարձնել հաջորդ անգամ:

Ձևանմուշներ: Ժամանակ առ ժամանակ Գործնական խնդիրը, Խնդիրներն կամ դասարանային այլ աշխատանք պահանջում են, որպեսզի աշակերտներն ունենան իրենց նկարների օրինակը, բազմակի օգտագործման մոդելը կամ տվյալները: Այս ձևանմուշները տրամադրվում են առաջին դասին, եթե պահանջվում է:

Որտե՞ղ կարող եմ ավելի շատ տեղեկություններ ստանալ «Eureka Math»-ի *նյութերի վերաբերյալ:*

Great Minds® թիմը ձգտում է ապահովել աշակերտներին, ընտանիքներին և դասավանդողներին մշտապես հարստացվող նյութերի շտեմարանով, որը հասանելի է՝ eureka-math.org վեբկայքում: *Վեբկայքում զետեղված են նաև Eureka Math-ի խմբի ոգեշնչող հաջողության պատմություններ: Կիսվեք ձեր տպավորություններով և ձեռքբերումներով այլ օգտատերերի հետ՝ դառնալով Eureka Math-ի չեմպիոն:*

Լավագույն մաղթանքները ուսումնական տարվա կապակցությամբ, որը հուսով ենք հարուստ կլինի «Էվրիկայի պահերով»:

Ջիլ Դինիզ
Մաթեմատիկայի բաժնի տնօրեն
Great Minds

Կարդալ–Նկարել–Գրել եղանակ

Eureka Math ուսումնական ծրագիրն օգնում է աշակերտներին խնդիրների լուծման գործընթացում՝ առաջարկելով նրանց պարզ, կրկնվող եղանակ, որը կսովորեցնի ուսուցիչը: Կարդալ–Նկարել–Գրել (ԿՆԳ) եղանակը կոչ է անում աշակերտներին

1. Կարդալ խնդիրը:
2. Նկարել և նշումներ անել:
3. Գրել հավասարում:
4. Գրել բառային նախադասություն (պնդում):

Ուսուցիչներին առաջարկվում է անցկացնել գործընթացը՝ միջամտելով այսպիսի հարցադրումներով՝

- Ի՞նչ եք տեսնում:
- Կարո՞ղ ես մի բան նկարել:
- Ի՞նչ եզրակացություններ կարող ես անել քո նկարից:

Ինչքան շատ աշակերտները մասնակցեն այս համակարգված մոտեցմամբ խնդիրների տրամաբանական լուծմանը, այնքան ավելի լավ կյուրացնեն մտածելու գործընթացն և այն բնազդաբար կկիրառեն հետագայում:

Բովանդակություն

Մոդուլ 6. Թվային արժեք, համեմատություն, գումարում և հանումը մինչև 100-ը

Թեմա A. Համեմատության բառային խնդիրներ

Դաս 1 1

Դաս 2 5

Թեմա B. Մինչև 120-ը թվերը

Դաս 3 9

Դաս 4 17

Դաս 5 23

Դաս 6 29

Դաս 7 35

Դաս 8 41

Դաս 9 47

Թեմա C. Գումարում մինչև 100-ը՝ օգտագործելով թվային արժեքի հասկացությունը

Դաս 10 53

Դաս 11 61

Դաս 12 67

Դաս 13 73

Դաս 14 79

Դաս 15 85

Դաս 16 91

Դաս 17 97

Թեմա D. Թվային արժեքների տարբեր եղանակների կիրառմամբ մինչև 100-ը թվերի գումարում

Դաս 18 103

Դաս 19 109

Թեմա E. Մետաղադրամներ ու դրանց արժեքները

Դաս 20 115

Դաս 21 121

Դաս 22 127

Դաս 23 133

Դաս 24 139

Թեմա F. Մինչև 20 թվով տարբեր խնդիրներ

Դաս 25 145

Դաս 26 149

Դաս 27 153

Թեմա G. Ավարտական վարժություններ

Դաս 28 157

Դաս 29 161

Դաս 30 163

Անուն ______________________________ Ամսաթիվ ________________

Կարդացեք բառային խնդիրը:
Նկարեք ժապավենաձև դիագրամ կամ կրկնակի ժապավենաձև դիագրամ և նշումներ կատարեք:
Գրեք թվային արտահայտություն և պնդում, որը համապատասխանում է պատմությանը:

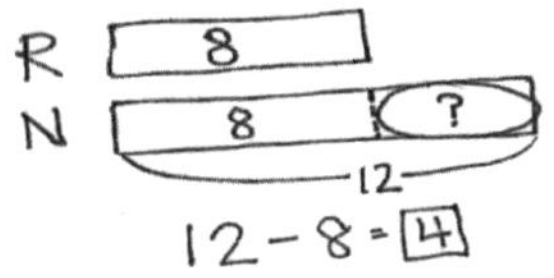

R
8
N
8
12
12 − 8 = 4

1. Փիթերն իր ֆերմայում ունի 3 այծ: Խուլիոն իր ֆերմայում ունի 9 այծ: Քանի՞ այծ ավելի ունի Խուլիոն Փիթերից:

2. Վիլին այգում քաղեց 16 խնձոր: Էմին այգում քաղեց 10 խնձոր: Քանի՞ խնձոր ավելի է քաղել Վիլին Էմիից:

3. Լին հավաքնում 13 ծու հավաքեց: Բենը հավաքնում 18 ծու հավաքեց: Քանի՞ ծու քիչ հավաքեց Լին Բենից:

4. Շանիկան ընդմիջմանը 14 անգամ գլուխկոնծի տվեց: Քիմը 20 անգամ գլուխկոնծի տվեց: Քանի՞ գլուխկոնծի ավելի տվեց Քիմը Շանիկայից:

ՄԻԱՎՈՐՆԵՐԻ ՊԱՏՄՈՒԹՅՈՒՆ Դաս 1 Գնահատման թերթիկ 1•6

Անուն ____________________________________ Ամսաթիվ ________________

R
8
N
8
12
12 − 8 = 4

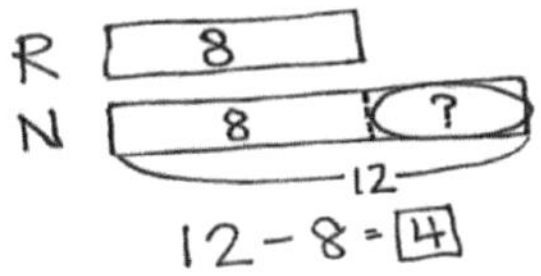

Կարդացեք բառային խնդիրը:
Նկարեք ժապավենաձև դիագրամ կամ կրկնակի ժապավենաձև դիագրամ և նշումներ կատարեք:
Գրեք թվային արտահայտություն և պնդում, որը համապատասխանում է պատմությանը:

Ավտոմրցարշավի ժամանակ Անտոնը 12 պտույտ կատարեց մրցուղով: Ռոզան 17 պտույտ կատարեց մրցուղով: Քանի՞ պտույտ ավելի կատարեց մրցուղով Ռոզան Անտոնից:

Անուն ______________________________ Ամսաթիվ ______________

<u>Կ</u>արդացեք բառային խնդիրը:
<u>Ն</u>կարեք ժապավենաձև դիագրամ կամ կրկնակի ժապավենաձև դիագրամ և նշումներ կատարեք:
<u>Գ</u>րեք թվային արտահայտություն և պնդում, որը համապատասխանում է պատմությանը:

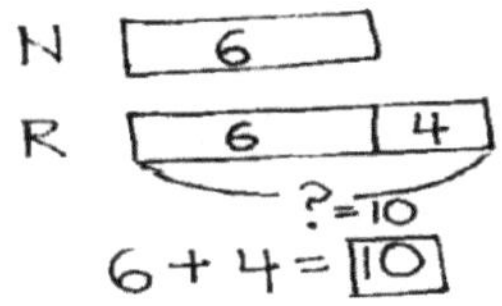

N 6
R 6 4
?=10
6+4=10

1. Նիկիլը մրցույթի համար թխեց 5 կարկանդակ: Փիթերը 3 կարկանդակ ավելի թխեց, քան Նիկիլը: Քանի՞ կարկանդակ է Փիթերը թխել մրցույթի համար:

2. Էմին տնկեց 12 ծաղիկ: Ռոզան տնկեց 3 ծաղիկ ավելի քիչ, քան Էմին: Քանի՞ ծաղիկ տնկեց Ռոզան:

3. Բենը 15 գոլ խփեց ֆուտբոլային խաղում: Անտոնը 11 գոլ խփեց: Քանի՞ գոլ ավելի խփեց Բենը Անտոնից:

EUREKA MATH Դաս 2: Լուծեք, *համեմատեք ավելի մեծ կամ ավելի փոքր անհայտով* տարբեր խնդիրներ: 5

| ՄԻԱՎՈՐՆԵՐԻ ՊԱՏՄՈՒԹՅՈՒՆ | Դաս 2 Խնդիրներ | 1•6 |

4. Քիմը պարտեզում աճեցրեց 12 վարդ։ Ֆրանը 6 վարդ ավելի քիչ աճեցրեց, քան Քիմը։ Քանի՞ վարդ աճեցրեց Ֆրանը պարտեզում։

5. Մարիան իր ակվարիումում 4 ձուկ ավելի ունի, քան Շանիկան։ Շանիկան ունի 16 ձուկ։ Քանի՞ ձուկ ունի Մարիան իր ակվարիումում։

6. Լին ունի 11 սեղանի խաղ։ Լին ունի 5 սեղանի խաղ ավելի, քան Դարնելը։ Քանի՞ սեղանի խաղ ունի Դարնելը։

Դաս 2: Լուծեք, համեմատեք ավելի մեծ կամ ավելի փոքր անհայտով տարբեր խնդիրներ։

Անուն ________________________________ Ամսաթիվ ________________

<u>Կ</u>արդացեք բառային խնդիրը:
<u>Ն</u>կարեք ժապավենաձև դիագրամ կամ կրկնակի ժապավենաձև դիագրամ և նշումներ կատարեք:
<u>Գ</u>րեք թվային արտահայտություն և պնդում, որը համապատասխանում է պատմությանը:

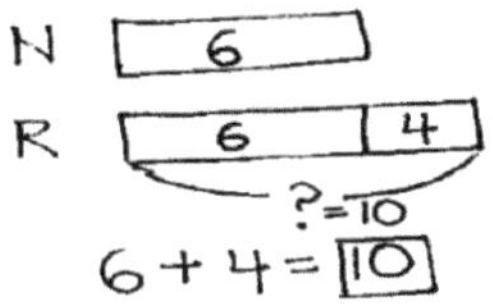

Թամրան զարդարեց 13 թխվածքաբլիթ: Կիանան զարդարեց 5 թխվածքաբլիթ ավելի քիչ, քան Թամրան: Քանի՞ թխվածքաբլիթ զարդարեց Կիանան:

Կարդացեք

Թամրան 4 ոսկե ձկնիկ ավելի ունի, քան Փիթերը: Փիթերն ունի 10 ոսկե ձկնիկ: Քանի՞ ոսկե ձկնիկ ունի Թամրան:

Նկարեք

Գրեք

Անուն ______________________________ Ամսաթիվ ______________

Գրեք տասնյակներն ու միավորները: Լրացրեք արտահայտությունը:

1.

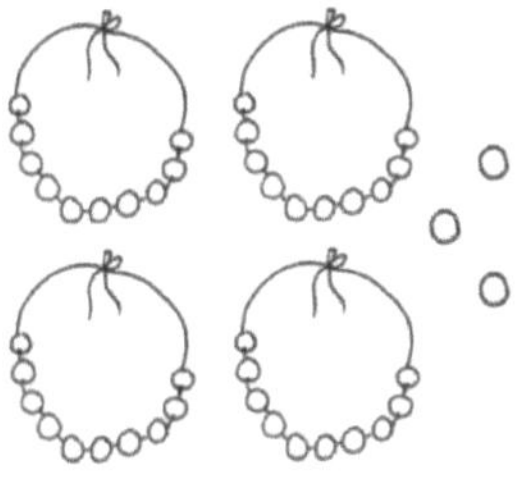

տասեր	մեկեր

43 = _____ տասեր _____ մեկեր

2.

տասեր	մեկեր

_____ = _____ տասեր _____ մեկեր

3.

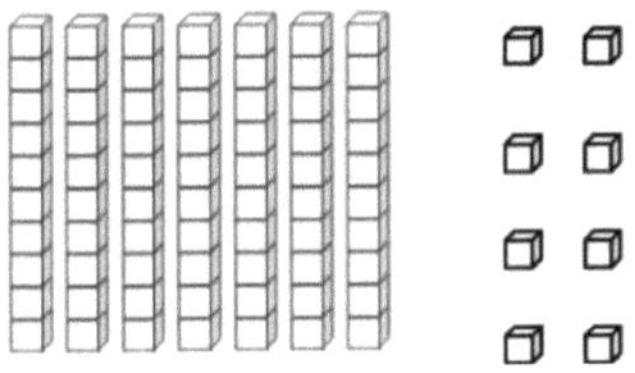

տասեր	մեկեր

Կա _____ խորանարդ:

4.

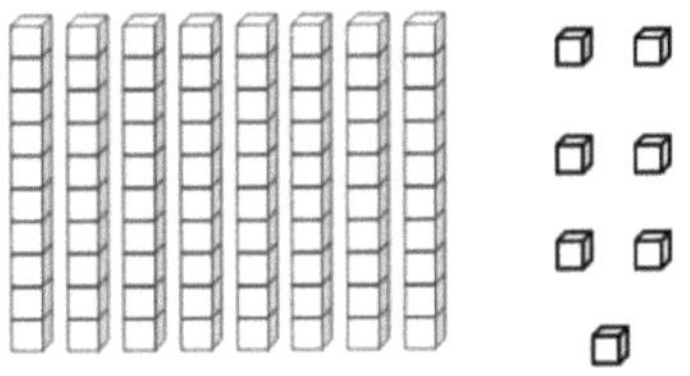

տասեր	մեկեր

Կա _____ խորանարդ:

5.

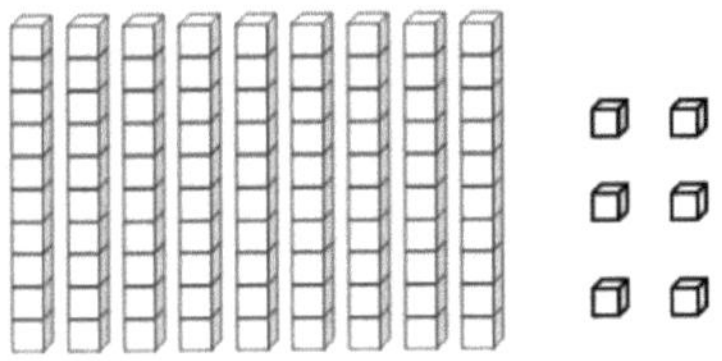

տասեր	մեկեր

Կա _____ խորանարդ:

6.

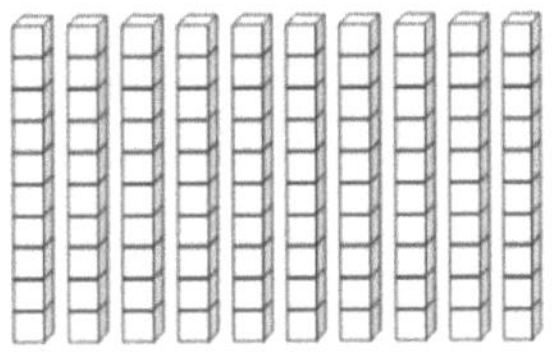

տասեր	մեկեր

Կա _____ խորանարդ:

7.

10
10
10
10
10
10
10

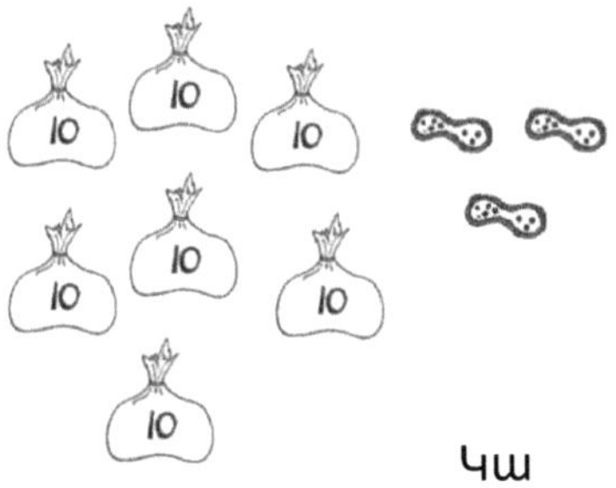

տասեր	մեկեր

Կա _____ գետնանուշ:

8.

10
10
10
10
10

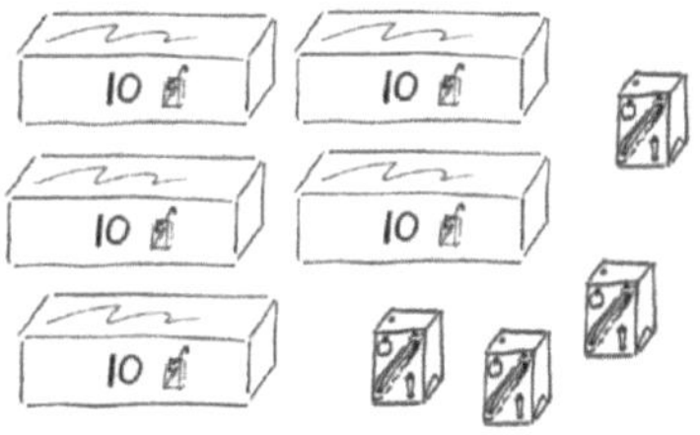

տասեր	մեկեր

Կա _____ տուփ հյութ:

Դաս 3. Օգտագործեք թվային արժեքների աղյուսակը՝ մինչև 100-ը երկնիշ թվերի տասնյակներն ու միավորները նշելու և անվանելու համար: 11

9. Գրեք թվերը տասնյակների ու միավորների տեսքով թվային արժեքների աղյուսակում կամ օգտագործեք թվային արժեքների աղյուսակը՝ թվերը գրելու համար:

a. 40

տասեր	մեկեր

b. 46

տասեր	մեկեր

c. ____

տասեր	մեկեր
5	9

d. ____

տասեր	մեկեր
9	5

e. 75

տասեր	մեկեր

f. 70

տասեր	մեկեր

g. 60

տասեր	մեկեր

h. ____

տասեր	մեկեր
8	0

i. ____

տասեր	մեկեր
5	5

j. ____

տասեր	մեկեր
10	0

ՄԻԱՎՈՐՆԵՐԻ ՊԱՏՄՈՒԹՅՈՒՆ   Դաս 3 Գնահատման թերթիկ   1•6

Անուն _____   Ամսաթիվ _____

1. Գրեք տասնյակներն ու միավորները։ Լրացրեք արտահայտությունը։

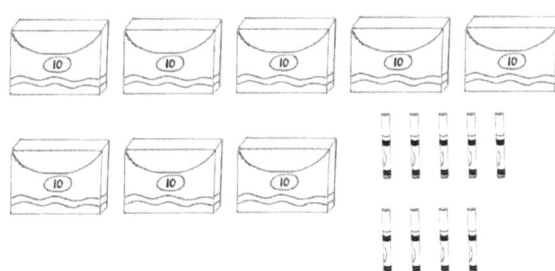

տասեր	մեկեր

Կա _____ մարկեր։

2. Գրեք թվերը տասնյակների ու միավորների տեսքով թվային արժեքների աղյուսակում կամ օգտագործեք թվային արժեքների աղյուսակը՝ թվերը գրելու համար։

a. 90

տասեր	մեկեր

b. ____

տասեր	մեկեր
8	7

տասներ	մեկեր

տասներ	մեկեր

թվային արժեքների աղյուսակ

EUREKA MATH Դաս 3. Օգտագործեք թվային արժեքների աղյուսակը՝ մինչև 100-ը երկնիշ թվերի տասնյակներն ու միավորները նշելու և անվանելու համար: 15

Կարդացեք

Թամրան ունի 14 ոսկե ձկնիկ: Դարնելն ունի 8 ոսկե ձկնիկ: Քանի՞ ոսկե ձկնիկ պակաս ունի Դարնելը Թամրայից:

Նկարեք

Գրեք

ՄԻԱՎՈՐՆԵՐԻ ՊԱՏՄՈՒԹՅՈՒՆ   Դաս 4 Խնդիրներ   1•6

Անուն _____   Ամսաթիվ _____

Հաշվեք առարկաները և լրացրեք թվային զույգը կամ թվային արժեքների աղյուսակը։
Լրացրեք տասնյակների ու միավորների գումարման արտահայտությունները։

1.
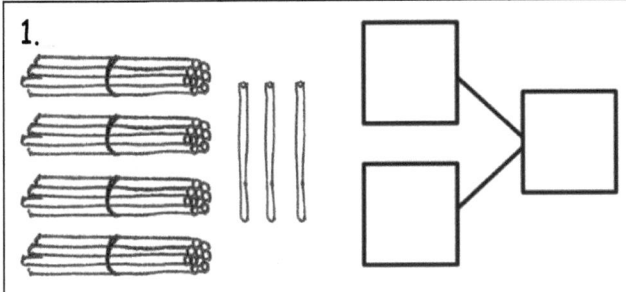
40 գումարած 3 հավասար է ____։
40 + 3 = ____

2.
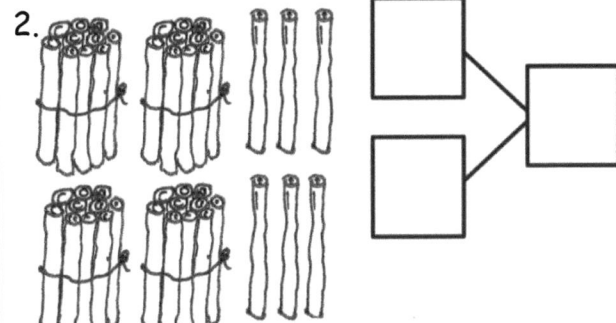
40 գումարած 6 հավասար է ____։
40 + 6 = ____

3.
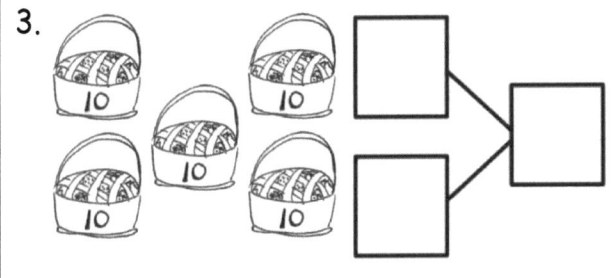
57 = ____ + ____
50 գումարած 7 հավասար է ____։

4.

75 = ____ + ____
70 գումարած 5 հավասար է ____։

5.
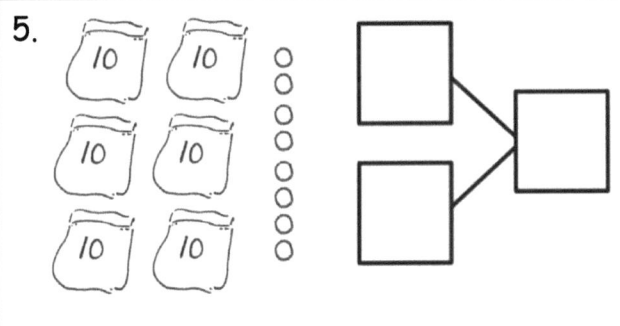
____ + ____ = ____
____ տասեր + ____ մեկեր = ____

6.
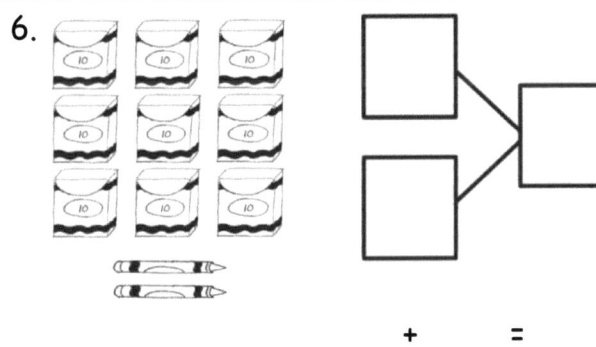
____ + ____ = ____
____ տասեր + ____ մեկեր = ____

Դաս 4. Գրեք և մեկնաբանեք տասնավորներից և միավորներից բաղկացած գումարման
արտահայտության տեսքով ներկայացված մինչև 100-ը երկնիշ թվերը։

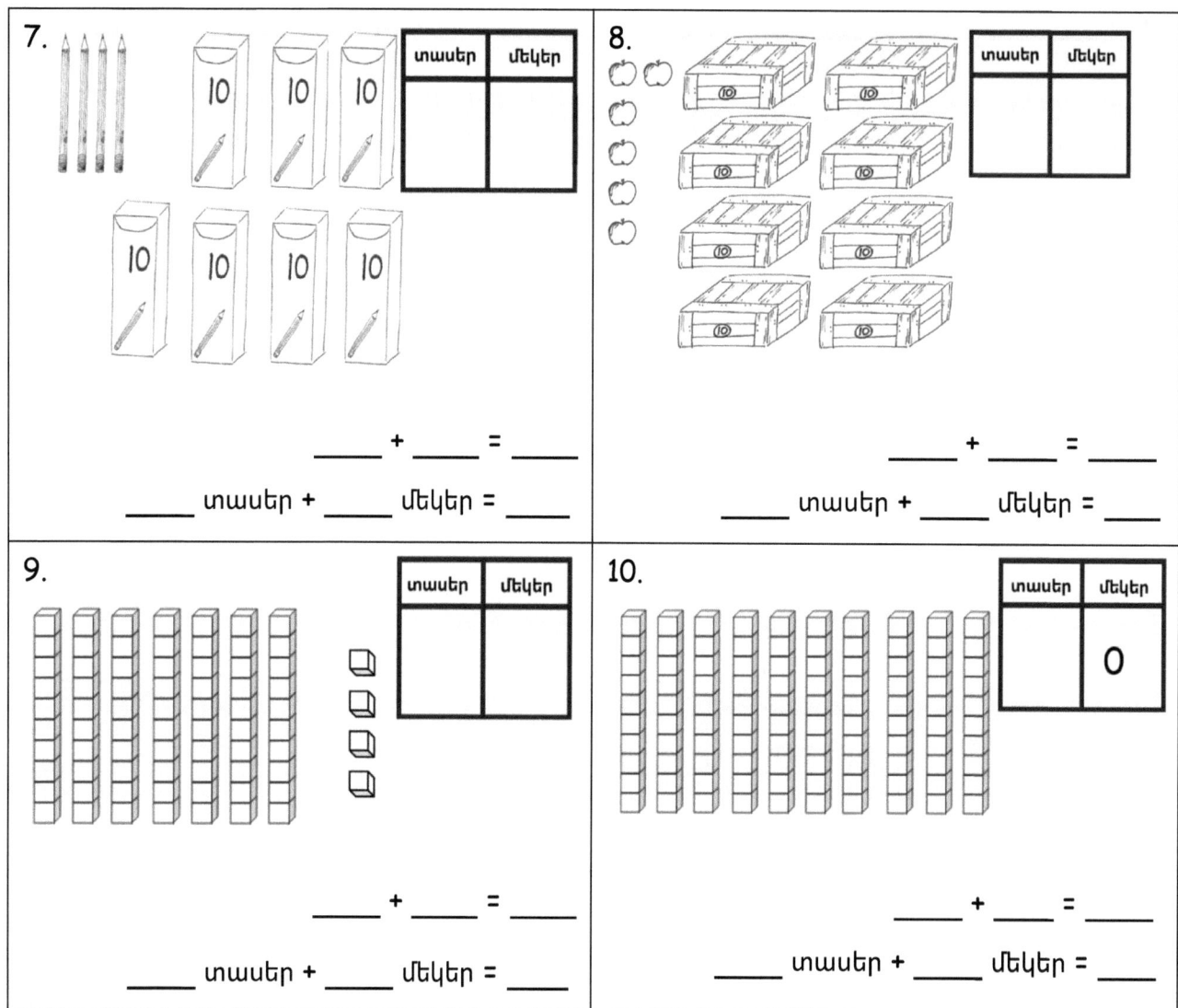

7.

տասեր	մեկեր

____ + ____ = ____

____ տասեր + ____ մեկեր = ____

8.

տասեր	մեկեր

____ + ____ = ____

____ տասեր + ____ մեկեր = ____

9.

տասեր	մեկեր

____ + ____ = ____

____ տասեր + ____ մեկեր = ____

10.

տասեր	մեկեր
	0

____ + ____ = ____

____ տասեր + ____ մեկեր = ____

11. Լրացրեք տասնյակների ու միավորների գումարման արտահայտությունները:

a. 50 + 6 = ____

b. ____ + 9 = 89

c. 5 տասեր + ____ մեկեր = 56

d. 9 մեկեր+ 8 տասեր = ____

Անուն ______________________________ Ամսաթիվ ________________

1. Հաշվեք առարկաները և լրացրեք թվային զույգը կամ թվային արժեքների աղյուսակը: Լրացրեք տասնյակների ու միավորների գումարման արտահայտությունները:

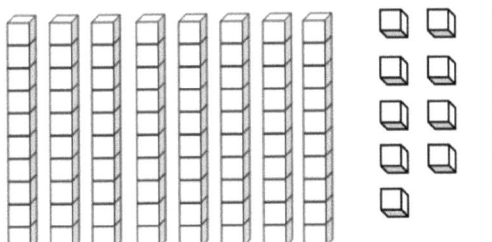

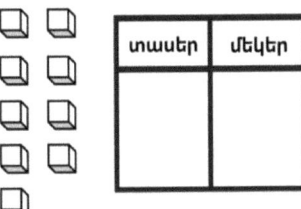

տասեր	մեկեր

____ + ____ = ____

____ տասեր + ____ մեկեր = __

2. Լրացրեք տասնյակների ու միավորների գումարման արտահայտությունները:

a. 90 + 2 = _____

b. 7 տասեր + _____ մեկեր = 79

Դաս 4. Գրեք և մեկնաբանեք տասնավորներից և միավորներից բաղկացած գումարման արտահայտության տեսքով ներկայացված մինչև 100-ը երկնիշ թվերը: 21

Կարդացեք

Կիանան 6 ոսկե ձկնիկ պակաս ունի, քան Թամրան: Թամրան ունի 14 ոսկե ձկնիկ: Քանի՞ն ոսկե ձկնիկ ունի Կիանան:

Նկարեք

Գրեք

EUREKA MATH Դաս 5. Որոշեք մինչև 100 երկնիշ թվերի համար «10-ով ավելի, 10-ով պակաս, 1-ով ավելի, 1-ով պակաս» արտահայտությունների արժեքը: 23

Անուն ______________________________ Ամսաթիվ ________________

1. Լուծեք: Դուք կարող եք նկարելով կամ խաչիկ քաշելով (x) ցույց տալ ձեր աշխատանքը:

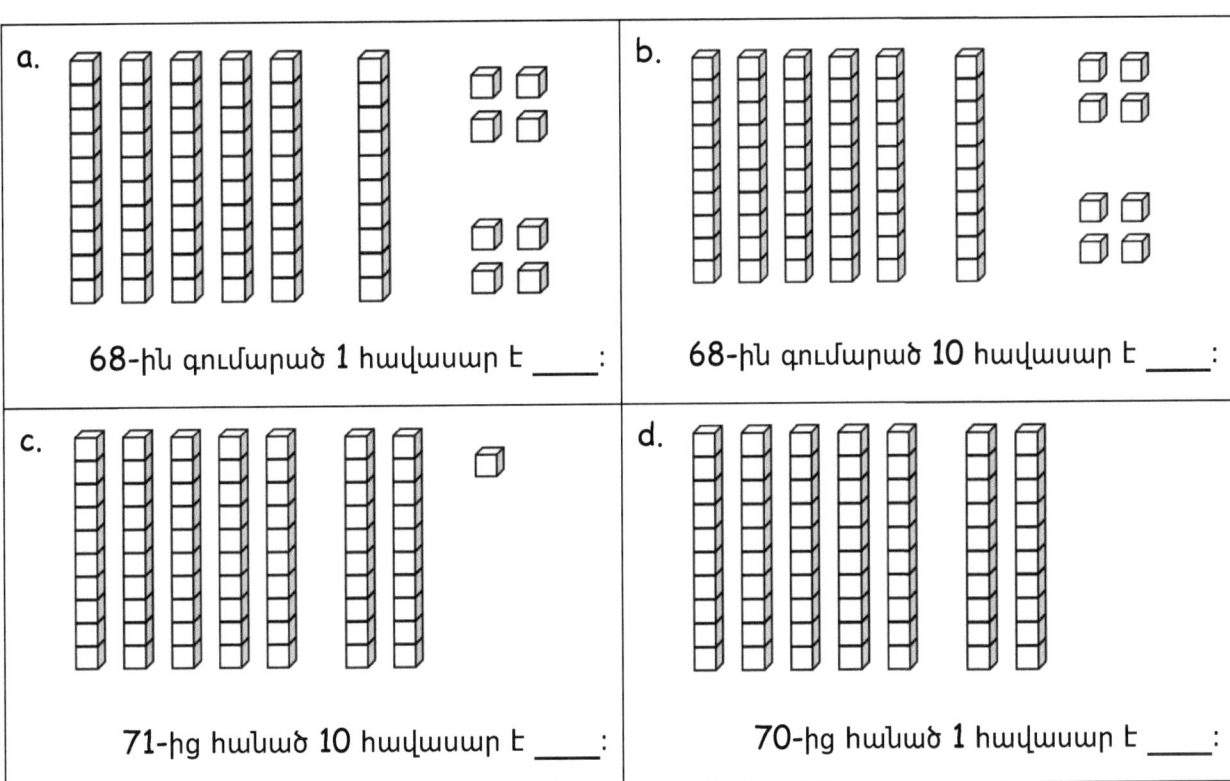

a.

68-ին գումարած 1 հավասար է ____:

b.

68-ին գումարած 10 հավասար է ____:

c.

71-ից հանած 10 հավասար է ____:

d.

70-ից հանած 1 հավասար է ____:

2. Գտեք անհայտ թվերը: Սլաքի ձևն օգտագործելով բացատրեք, թե ինչպես իմացաք:

a. 59-ին գումարած 10 հավասար է ____

տասեր	մեկեր
5	9

+ 1 →

տասեր	մեկեր

b. 59-ից հանած 1 հավասար է _____:

տասեր	մեկեր

տասեր	մեկեր

c. 59-ին գումարած 1 հավասար է _____

տասեր	մեկեր

տասեր	մեկեր

d. 59-ից հանած 10 հավասար է _____:

տասեր	մեկեր

տասեր	մեկեր

Դաս 5. Որոշեք մինչև 100 երկնիշ թվերի համար «10-ով ավելի, 10-ով պակաս, 1-ով ավելի, 1-ով պակաս» արտահայտությունների արժեքը:

ՄԻԱՎՈՐՆԵՐԻ ՊԱՏՄՈՒԹՅՈՒՆ   Դաս 5 Խնդիրներ   1•6

3. Գրեք այն թիվը, որը **1-ով մեծ** է:

   a. 10, ____
   b. 70, ____
   c. 76, ____
   d. 79, ____
   e. 99, ____

4. Գրեք այն թիվը, որը **10-ով մեծ** է:

   a. 10, ____
   b. 60, ____
   c. 61, ____
   d. 78, ____
   e. 90, ____

5. Գրեք այն թիվը, որը **1-ով փոքր** է:

   a. 12, ____
   b. 52, ____
   c. 51, ____
   d. 80, ____
   e. 100, ____

6. Գրեք այն թիվը, որը **10-ով փոքր** է:

   a. 20, ____
   b. 60, ____
   c. 74, ____
   d. 81, ____
   e. 100, ____

7. Լրացրեք բացակայող թվերը յուրաքանչյուր հաջորդականության մեջ:

   a. 40, 41, 42, ____
   b. 89, 88, 87, ____
   c. 72, 71, ____, 69
   d. 63, ____, 65, 66
   e. 40, 50, 60, ____
   f. 80, 70, 60, ____
   g. 55, 65, ____, 85
   h. 99, 89, ____, 69
   i. ____, 99, 98, 97
   j. ____, 77, ____, 57

Անուն ______________________________ Ամսաթիվ ______________

1. Գտեք անհայտ թվերը: Սլաքի ուղղությամբ նշված վանդակներում բացատրեք, թե ինչպես իմացաք:

a. 69-ից պակասեցնելով 1 կլինի ________:

տասեր	մեկեր

տասեր	մեկեր

b. 69-ին ավելացնելով 10 կլինի ________:

տասեր	մեկեր

տասեր	մեկեր

2. Գրեք այն թիվը, որը **1-ով մեծ է**:

a. 40, _____

b. 86, _____

c. 89, _____

3. Գրեք այն թիվը, որը **10-ով մեծ է**:

a. 50, _____

b. 62, _____

c. 90, _____

4. Գրեք այն թիվը, որը **1-ով փոքր է**:

a. 75, _____

b. 70, _____

c. 100, _____

5. Գրեք այն թիվը, որը **10-ով փոքր է**:

a. 80, _____

b. 99, _____

c. 100, _____

Դաս 5. Որոշեք մինչև 100 երկնիշ թվերի համար «10-ով ավելի, 10-ով պակաս, 1-ով ավելի, 1-ով պակաս» արտահայտությունների արժեքը: 27

Կարդացեք

Նիկին ունի 12 խաղալիք մեքենա: Վիլին ունի 4 խաղալիք մեքենա: Երբ Նիկին ու Վիլին խաղում են, քանի՞ մեքենա ունեն միասին:

Նկարեք

Գրեք

ՄԻԱՎՈՐՆԵՐԻ ՊԱՏՄՈՒԹՅՈՒՆ   Դաս 6 Խնդիրներ   1•6

Անուն _____   Ամսաթիվ _____

1. Օգտագործեք նշանները՝ թվերը համեմատելու համար: Բացատում դրեք <, > կամ = նշանները, որպեսզի արտահայտությունը ճիշտ լինի:

85 > 75   4 տասեր 3 մեկեր < 4 տասեր 6 մեկեր

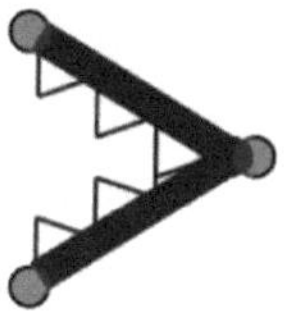

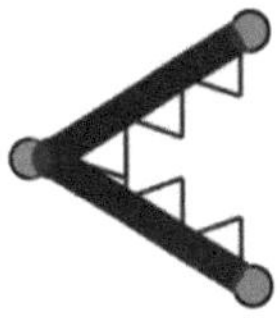

85 (>) 75   43 (<) 46

85-ն ավելի մեծ է, քան 75-ը: 43-ն ավելի փոքր է, քան 46-ը:

a. 35 ◯ 42

b. 78 ◯ 80

c. 100 ◯ 99

d. 93 ◯ 8 տասեր 3 մեկեր

e. 9 տասեր 8 մեկեր ◯ 10 տասեր

f. 6 տասեր 2 մեկեր ◯ 2 տասեր 6 մեկեր

g. 72 ◯ 2 մեկեր 7 տասեր

h. 5 տասեր 4 մեկեր ◯ 4 տասեր 14 մեկեր

Դաս 6.   Օգտագործեք >, = և < նշանները՝ քանակներն ու մինչև 100-ը թվերը համեմատելու համար:

2. Շրջանակի մեջ վերցրեք ճիշտ բառերը, որպեսզի նախադասությունը ճիշտ լինի: Օգտագործեք >, < կամ = նշանները և թվերը՝ ճիշտ արտահայտություն գրելու համար:

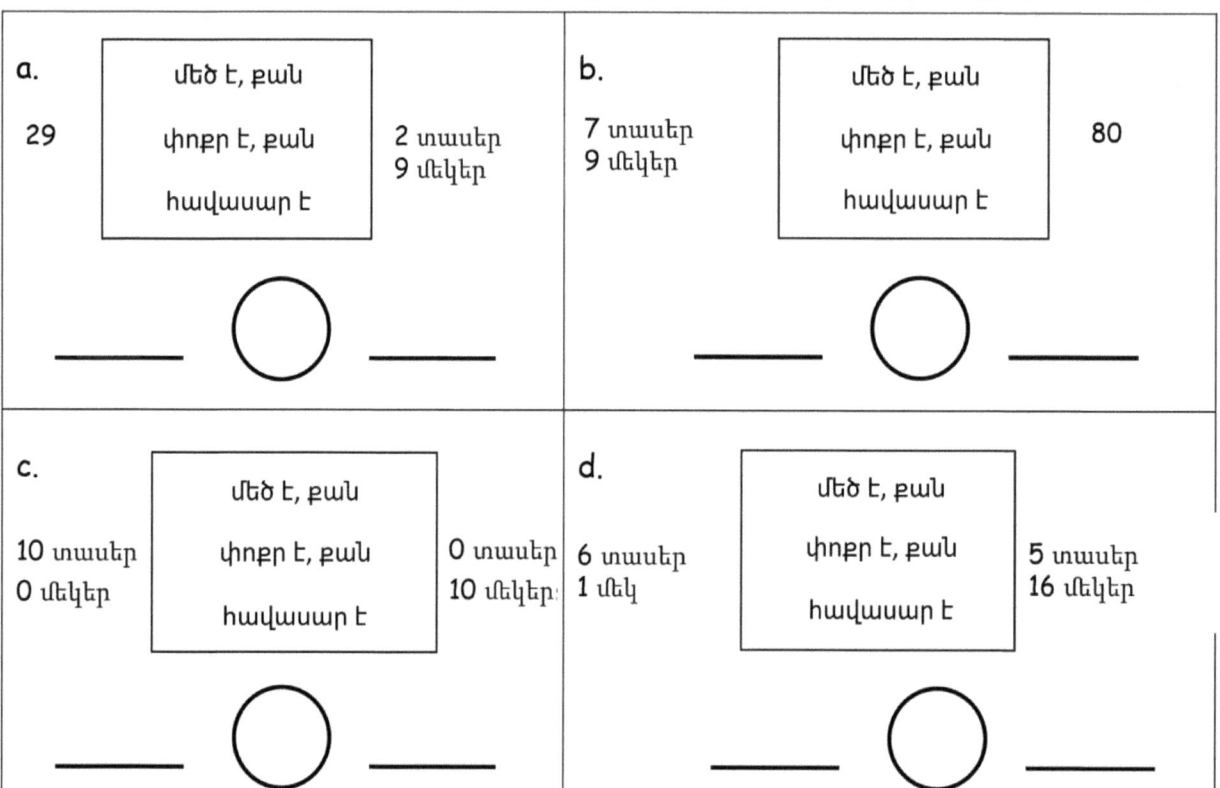

a. 29 | մեծ է, քան / փոքր է, քան / հավասար է | 2 տասներ 9 մեկեր

____ ◯ ____

b. 7 տասներ 9 մեկեր | մեծ է, քան / փոքր է, քան / հավասար է | 80

____ ◯ ____

c. 10 տասներ 0 մեկեր | մեծ է, քան / փոքր է, քան / հավասար է | 0 տասներ 10 մեկեր

____ ◯ ____

d. 6 տասներ 1 մեկ | մեծ է, քան / փոքր է, քան / հավասար է | 5 տասներ 16 մեկեր

____ ◯ ____

3. Օգտագործեք <, = կամ > նշանները՝ թվերի զույգերը համեմատելու համար:

a. 3 տասներ 9 մեկեր ◯ 5 տասներ 9 մեկեր

b. 30 ◯ 13

c. 100 ◯ 10 տասներ

d. 6 տասներ 4 մեկեր ◯ 4 մեկեր 6 տասներ

e. 7 տասներ 9 մեկեր ◯ 79

f. 1 տաս 5 մեկեր ◯ 5 մեկեր 1 տաս

g. 72 ◯ 6 տասներ 12 մեկեր

h. 88 ◯ 8 տասներ 18 մեկեր

Անուն _____   Ամսաթիվ _____

Շրջանակի մեջ վերցրեք ճիշտ բառերը, որպեսզի նախադասությունը ճիշտ լինի:
Օգտագործեք >, < կամ = նշանները և թվերը՝ ճիշտ արտահայտություն գրելու համար:

a.
36   մեծ է, քան
      փոքր է, քան   6 տասեր
      հավասար է   3 մեկեր

___ ◯ ___

b.
90   մեծ է, քան
      փոքր է, քան   8 տասեր
      հավասար է   9 մեկեր

___ ◯ ___

c.
52   մեծ է, քան
      փոքր է, քան   4 տասեր
      հավասար է   2 մեկեր

___ ◯ ___

d.
4 tens 2 ones   մեծ է, քան
                 փոքր է, քան   3 տասեր
                 հավասար է   14 մեկեր

___ ◯ ___

ՄԻԱՎՈՐՆԵՐԻ ՊԱՏՄՈՒԹՅՈՒՆ

Դաս 7 Գործնական խնդիր 1•6

Կարդացեք

Շանիկան ծաղկամանի մեջ ունի 6 վարդ և 7 կակաչ: Մարիան ծաղկամանի մեջ ունի 4 վարդ և 8 կակաչ: Ո՞վ ավելի շատ ծաղիկ ունի: Քանի՞ ծաղիկ ունի նա:

Նկարեք

Գրեք

_____

_____

_____

Դաս 7. Հաշվեք և գրեք մինչև 120-ը թվերը: Օգտագործեք «Զրոն թաքցնող» քարտերը՝ 0 - 20 - 100 -120 թվերը միացնելու համար:

ՄԻԱՎՈՐՆԵՐԻ ՊԱՏՄՈՒԹՅՈՒՆ   Դաս 7 Խնդիրներ 1•6

Անուն _____   Ամսաթիվ _____

1. Լրացրեք աղյուսակում բացակայող թվերը մինչև 120-ը։

ա.	բ.	գ.	դ.	ե.
71	81	91		111
	82		102	
73	83	93		113
	84	94	104	114
76	86	96	106	116
77	87	97		117
79	89	99	109	119
80		100	110	

Դաս 7.   Հաշվեք և գրեք մինչև 120-ը թվերը։ Օգտագործեք «Զրոն թաքցնող» քարտերը` 0 - 20 - 100 -120 թվերը միացնելու համար։

Copyright © Great Minds PBC

ՄԻԱՎՈՐՆԵՐԻ ՊԱՏՄՈՒԹՅՈՒՆ Դաս 7 Խնդիրներ 1•6

2. Շարունակեք թվերի հաջորդականությունը մինչև 120-ը:

96, 97, ____, ____, ____, ____, ____,
____, ____, ____, ____, ____, ____,
____, ____, ____, ____, ____, ____,
____, ____, ____, ____, ____, ____

3. Շրջանակի մեջ առեք հաջորդականությունը, որը սխալ է: Այն ճիշտ գրեք տողի վրա:

a.

107, 108, 109, 110, 120

b.

99, 100, 101, 102, 103

____

4. Լրացրեք բացակայող թվերը հաջորդականության մեջ:

a.

115, 116, ____, ____, ____

b.

____, ____, 118, ____, 120

c.

100, 101, ____, ____, 104

d.

97, 98, ____, ____, ____, ____

ՄԻԱՎՈՐՆԵՐԻ ՊԱՏՄՈՒԹՅՈՒՆ   Դաս 7 Գնահատման թերթիկ   1•6

Անուն _____ Ամսաթիվ _____

1. Լրացրեք աղյուսակն՝ ավելացնելով բացակայող թվերը:

   a.
88
90

   b.
99

   c.
108

   d.
119

2. Լրացրեք բացակայող թվերը՝ հաջորդականությունը շարունակելու համար:

   a.
   | 117, ____, 119, ____ |

   բ.
   | 108, 109, ____, ____, ____ |

Դաս 7. Հաշվեք և գրեք մինչև 120-ը թվերը: Օգտագործեք «Զրոն
        թաքցնող» քարտերը՝ 0 - 20 - 100 -120 թվերը միացնելու համար:

39

Կարդացեք

Լին գտավ 15 հատ փայլուն քար։ Քիմը գտավ 8 հատ փայլուն քար։ Քանի՞ փայլուն քար ավելի գտավ Լին Քիմից։

Նկարեք

Գրեք

ՄԻԱՎՈՐՆԵՐԻ ՊԱՏՄՈՒԹՅՈՒՆ   Դաս 8 Խնդիրներ   1•6

Անուն _____   Ամսաթիվ _____

1. Գրեք թվերը տասնյակների ու միավորների տեսքով թվային արժեքների աղյուսակում կամ օգտագործեք թվային արժեքների աղյուսակը՝ թվերը գրելու համար։

a. 74

տասեր	մեկեր

b. 78

տասեր	մեկեր

c. ____

տասեր	մեկեր
9	1

d. ____

տասեր	մեկեր
10	9

e. 116

տասեր	մեկեր

f. 103

տասեր	մեկեր

g. ____

տասեր	մեկեր
11	2

h. ____

տասեր	մեկեր
12	0

i. ____

տասեր	մեկեր
10	5

j. 102

տասեր	մեկեր

2. Համապատասխանեցրեք.

a.

տասեր	մեկեր
9	7

b.

տասեր	մեկեր
10	7

c.

տասեր	մեկեր
11	0

d.

տասեր	մեկեր
10	5

e.

տասեր	մեկեր
10	1

f.

տասեր	մեկեր
12	0

g.

տասեր	մեկեր
11	8

- 10 տասեր 5 մեկեր
- 10 տասեր 7 մեկեր
- 9 տասեր 7 մեկեր
- 12 տասեր 0 մեկեր
- 110
- 11 տասեր 8 մեկեր
- 101

EUREKA MATH

Անուն _____   Ամսաթիվ _____

1. Գրեք թվերը տասնյակների ու միավորների տեսքով թվային արժեքների աղյուսակում կամ օգտագործեք թվային արժեքների աղյուսակը՝ թվերը գրելու համար:

a. 83

տասեր	մեկեր

b. ____

տասեր	մեկեր
9	4

c. ____

տասեր	մեկեր
11	5

d. 106

տասեր	մեկեր

2. Գրեք թիվը:

a. 10 տասերը և 2 մեկերը հավասար է _____:

b. 11 տասերը և 4 մեկերը հավասար է _____:

Կարդացեք

Էմին և Խուլիոն միասին ունեն **17** ընտանի մուկ։ Քանի՞ մուկ կարող է ունենալ երեխաներից յուրաքանչյուրը։

Լրացուցիչ խնդիր. Երեխաներից ո՞վ շատ ունի և քանի՞ հատ ավել ունի։

Նկարեք

Գրեք

___

___

___

ՄԻԱՎՈՐՆԵՐԻ ՊԱՏՄՈՒԹՅՈՒՆ   Դաս 9 Խնդիրներ   1•6

Անուն _____   Ամսաթիվ _____

Հաշվեք առարկաները։ Լրացրեք թվային արժեքների աղյուսակը և գրեք թիվը տողի վրա։

1.

տասեր	մեկեր

_____

2.

տասեր	մեկեր

_____

3.

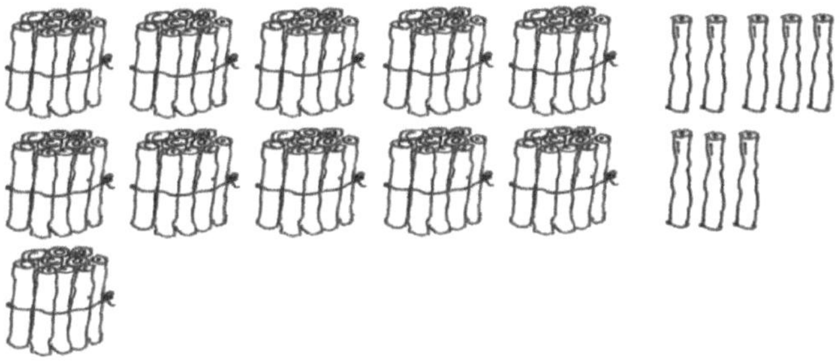

տասեր	մեկեր

_____

4.

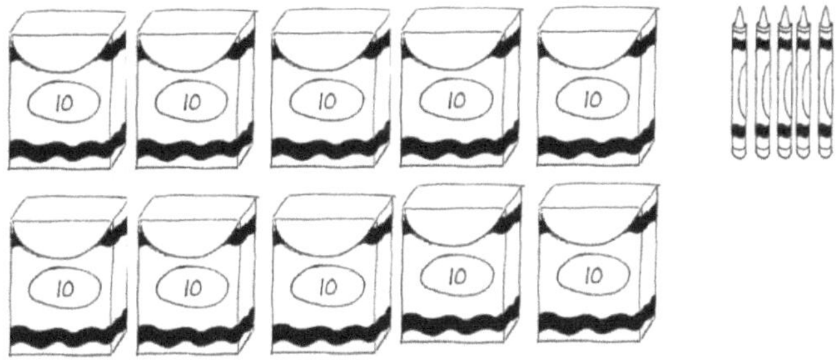

տասեր	մեկեր

_____

5.

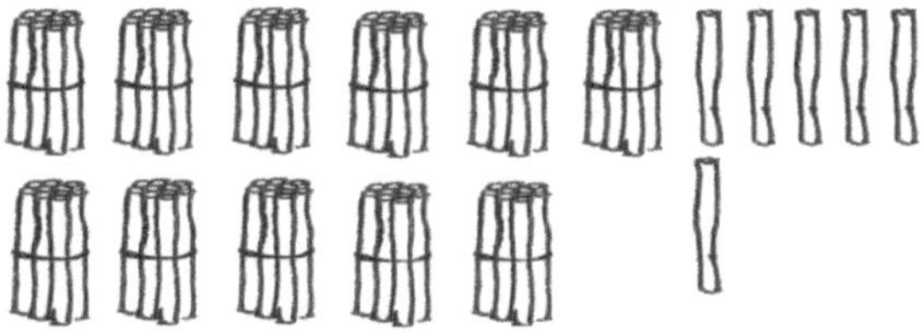

տասեր	մեկեր

_____

Դաս 9.   Ներկայացրեք մինչև 120 առարկա` գրավոր թվանշանի տեսքով։   49

6.

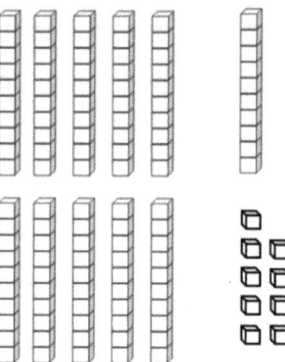

տասեր	մեկեր

_____

7.

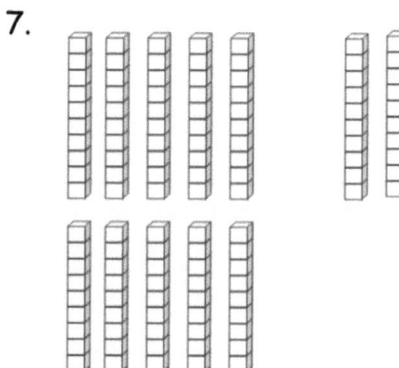

տասեր	մեկեր

_____

Գծապատկերով ներկայացրեք հետևյալ թվերի տասնյակներն ու միավորները։ Գրեք թիվը տողի վրա:

8. _____

տասեր	մեկեր
10	9

9. _____

տասեր	մեկեր
12	0

Անուն _____ Ամսաթիվ _____

1. Հաշվեք առարկաները։ Լրացրեք թվային արժեքների աղյուսակը և գրեք թիվը տողի վրա։

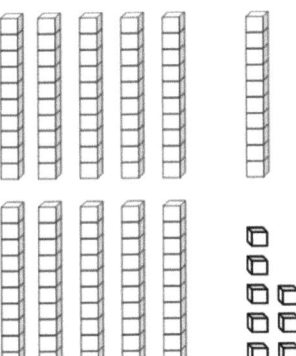

տասեր	մեկեր

_____

2. Գծապատկերով ներկայացրեք հետևյալ թվերի տասնյակներն ու միավորները։ Գրեք թիվը տողի վրա։

a.

տասեր	մեկեր
11	0

_____

b.

տասեր	մեկեր
10	1

_____

Դաս 9. Ներկայացրեք մինչև 120 առարկա՝ գրավոր թվանշանի տեսքով։

Կարդացեք

Ֆրենն ունի 8 մողես։ Անտոնը մի քանի մողես տվեց Ֆրենին։ Ֆրենն այժմ ունի 13 մողես։ Քանի՞ մողես տվեց Անտոնը Ֆրենին։

Նկարեք

Գրեք

_____

_____

_____

Դաս 10. Գումարեք և հանեք 10-ից մինչև 100 թվերի, ներառյալ տաս ցենտանոց մետաղադրամների 10-ի պատիկները։

Անուն ______________________________ Ամսաթիվ ________________

Լրացրեք թվային զույգերը և թվային արտահայտությունները՝ համաձայն պատկերի:

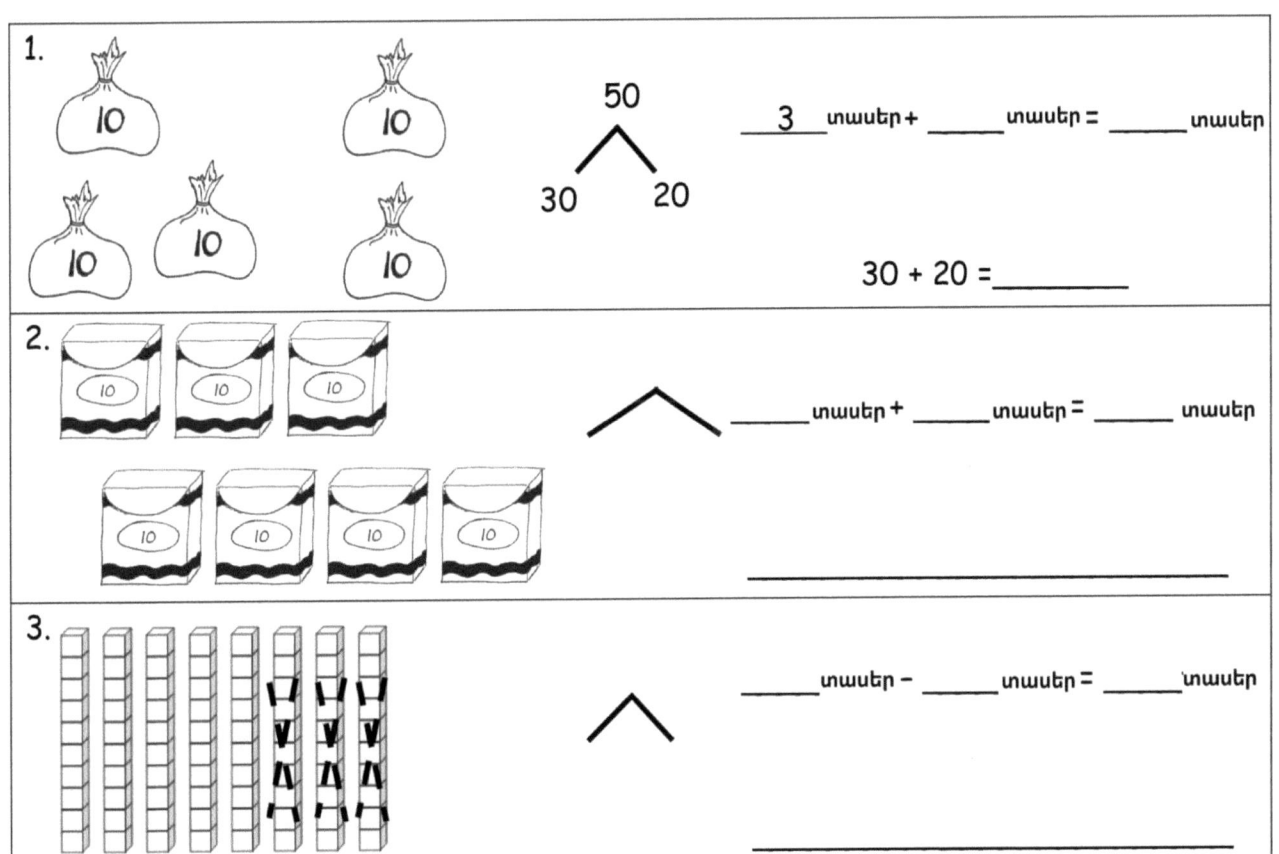

1.

50
30 20

3 տասեր + ____ տասեր = ____ տասեր

30 + 20 = ______

2.

____ տասեր + ____ տասեր = ____ տասեր

____

3.

____ տասեր − ____ տասեր = ____ տասեր

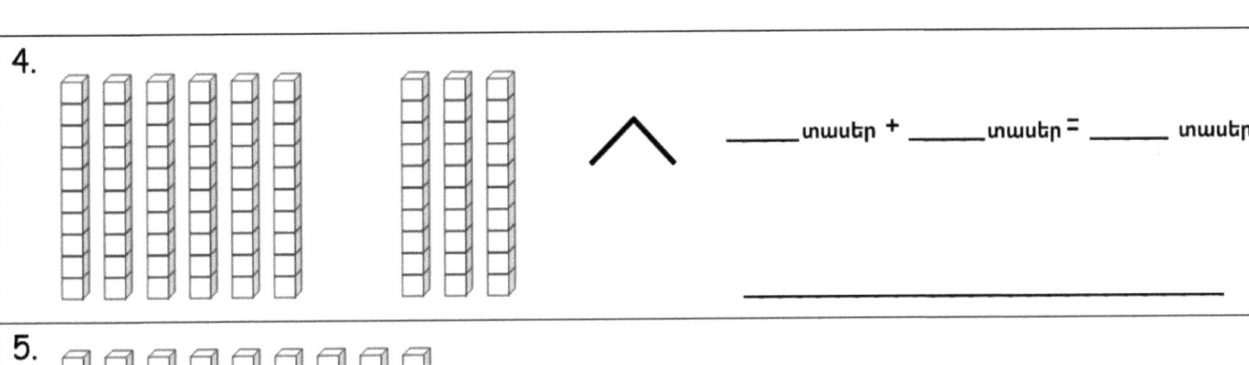

____

4.

____ տասեր + ____ տասեր = ____ տասեր

____

5.

____ տասեր − ____ տասեր = ____ տասեր

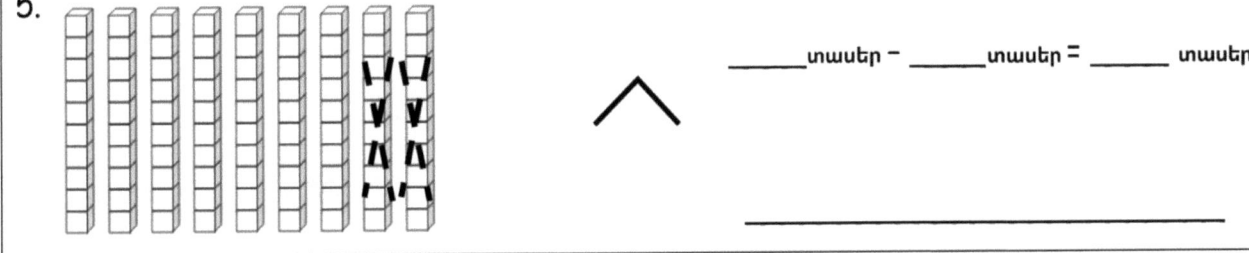

____

Դաս 10. Գումարեք և հանեք 10-ից մինչև 100 թվերի, ներառյալ տաս ցենտանոց մետաղադրամների 10-ի պատիկները: 55

Հաշվեք տաս ցենտանոց մետաղադրամները՝ դրանք գումարելով կամ հանելով: Գրեք թվային արտահայտություն՝ տաս ցենտանոց մետաղադրամի արժեքին համապատասխան:

6.  +   40 + 20 = _____

7.    _____

8.   +
           _____

9.
        _____

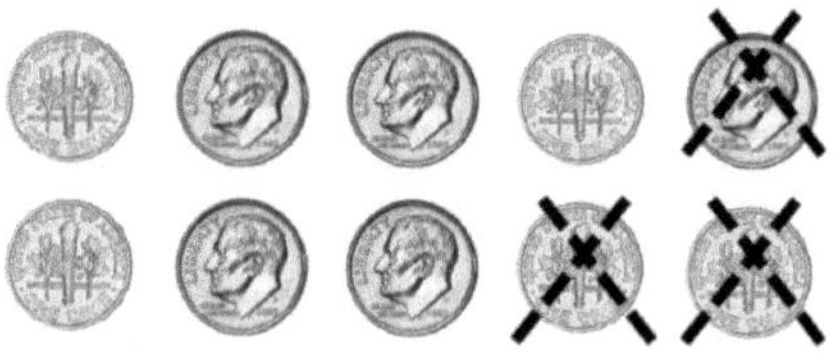

10.
       _____

11. Լրացրեք բացակայող թվերը:

a. 40 + 40 = _____   b. 50 – 30 = _____   c. 10 + _____ = 70

d. 60 – _____ = 0   e. 90 – _____ = 10   f. 70 + _____ = 90

g. 50 + 40 = _____   h. 100 – 30 = _____   թ. 100 – _____ = 70

ՄԻԱՎՈՐՆԵՐԻ ՊԱՏՄՈՒԹՅՈՒՆ   Դաս 10 Գնահատման թերթիկ   1•6

Անուն _____   Ամսաթիվ _____

1. Լրացրեք բացակայող թվերը:

   a. 40 + 50 = _____   b. 80 – 60 = _____   c. 30 + _____ = 70

2. Գրեք թվային արտահայտություն՝ ըստ պատկերի:

_____

ՄԻԱՎՈՐՆԵՐԻ ՊԱՏՄՈՒԹՅՈՒՆ   Դաս 10 Ճանմուշ   1•6

_____ տասեր _____ տասեր _____ տասեր

թվային զույգ/թվային արտահայտություններ

Դաս 10 . Գումարեք և հանեք 10-ից մինչև 100 թվերի, ներառյալ տաս ցենտանոց մետաղադրամների 10-ի պատիկները:

ՄԻԱՎՈՐՆԵՐԻ ՊԱՏՄՈՒԹՅՈՒՆ   Դաս 11 Գործնական խնդիր   1•6

Կարդացեք

Բենը սրեց 5 մատիտ: Նրա չսրված մատիտները 8-ով ավելի դարձան, քան սրվածները: Քանի՞ չսրված մատիտ ունի Բենը:

Նկարեք

Գրեք

_____

_____

_____

ՄԻԱՎՈՐՆԵՐԻ ՊԱՏՄՈՒԹՅՈՒՆ   Դաս 11 Խնդիրներ 1•6

Անուն _____   Ամսաթիվ _____

Լուծեք՝ օգտագործելով պատկերները: Լրացրեք թվային արտահայտությունը, որպեսզի համապատասխանի:

1. 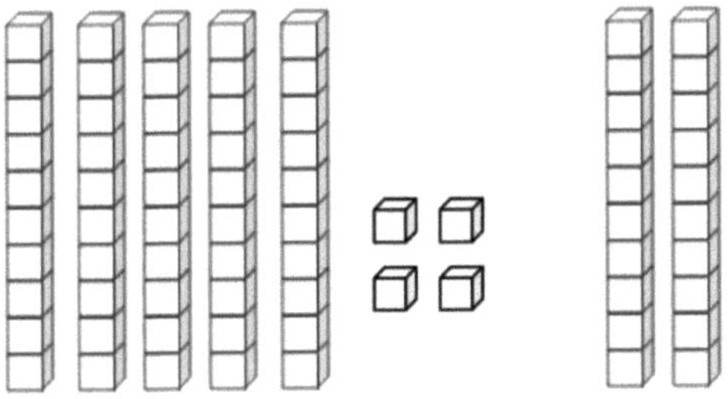 ____ + ____ = ____

2. 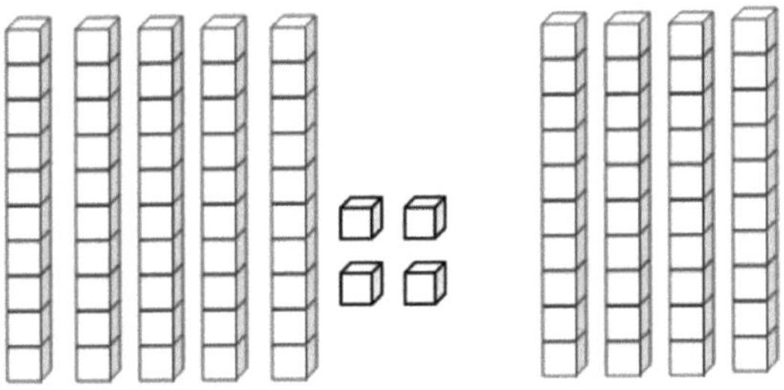 ____ + ____ = ____

3. 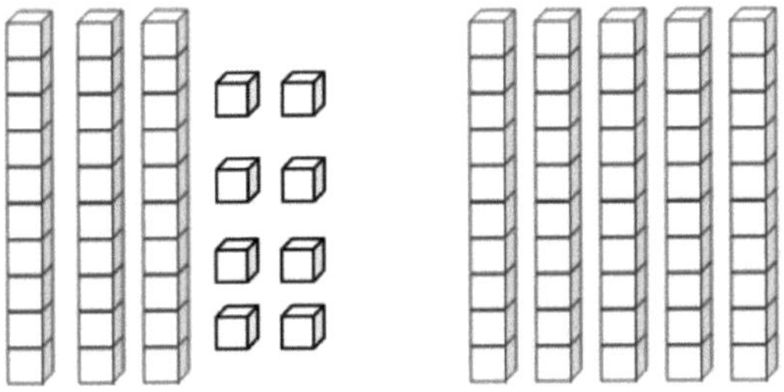 ____ + ____ = ____

4. 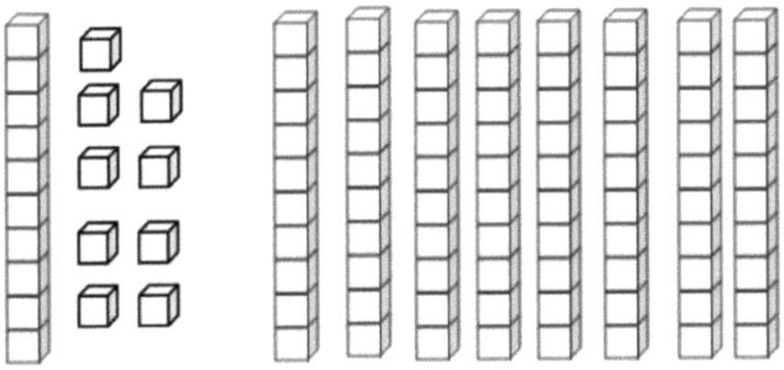 ____ + ____ = ____

Դաս 11.   Ավելացրեք մինչև 100-ը որևէ երկնիշ թվի 10-ի պատիկը: 63

ՄԻԱՎՈՐՆԵՐԻ ՊԱՏՄՈՒԹՅՈՒՆ　　　Դաս 11 Խնդիրներ　1•6

$$64 + 30 = 94$$
$$460$$
$$60 + 30 = 90$$
$$90 + 4 = 94$$

5. Լուծեք:

a. 47 + 40 = _____	b. 57 + 30 = _____
c. 35 + 30 = _____	d. 35 + 50 = _____
e. 30 + 63 = _____	f. 40 + 39 = _____

6. Լուծեք և բացատրեք ձեր մտածելակերպն ընկերոջը:

　a. 2 + 50 = _____　　　　　b. 58 + 40 = _____

　c. 48 + _____ = 98　　　　　d. 60 + _____ = 86

64　　Դաս 11.　Ավելացրեք մինչև 100-ը որևէ երկնիշ թվի 10-ի պատիկը:

ՄԻԱՎՈՐՆԵՐԻ ՊԱՏՄՈՒԹՅՈՒՆ   Դաս 11Գնահատման թերթիկ   1•6

Անուն _____   Ամսաթիվ _____

Լուծեք: Գծապատկերով ներկայացրեք տասնյակները և միավորները կամ թվային զույգերը:

a. 42 + 50 = _____	b. 30 + 57 = _____

Դաս 11.   Ավելացրեք մինչև 100-ը որևէ երկնիշ թվի 10-ի պատիկը:

ՄԻԱՎՈՐՆԵՐԻ ՊԱՏՄՈՒԹՅՈՒՆ   Դաս 12 Գործնական խնդիր   1•6

Կարդացեք

Կիանան ցանկանում է, որպեսզի իր տուփում լինի 14 փայտիկ: Որպեսզի նրա նպատակն իրականանա, նրան հարկավոր է ևս 6 փայտիկ: Քանի՞ փայտիկ նա ունի այս պահին:

Նկարեք

Գրեք

___

___

___

Դաս 12. Գումարեք երկու երկնիշ թվեր, որոնց միավորների գումարը փոքր կամ հավասար է 10-ի:

ՄԻԱՎՈՐՆԵՐԻ ՊԱՏՄՈՒԹՅՈՒՆ   Դաս 12 Խնդիրներ

Անուն _____   Ամսաթիվ _____

1. Լուծեք:

a. 84 + 12 = _____	b. 71 + 26 = _____
c. 57 + 22 = _____	d. 59 + 41 = _____
e. 35 + 65 = _____	f. 26 + 54 = _____
g. 57 + 42 = _____	h. 37 + 63 = _____

Դաս 12.   Գումարեք երկու երկնիշ թվեր, որոնց միավորների գումարը փոքր կամ հավասար է 10-ի:

ՄԻԱՎՈՐՆԵՐԻ ՊԱՏՄՈՒԹՅՈՒՆ Դաս 12 Խնդիրներ 1•6

2. Լուծեք:

a. 45 + 13 = _____	b. 45 + 23 = _____
c. 21 + 27 = _____	d. 27 + 23 = _____
e. 48 + 32 = _____	f. 48 + 52 = _____
g. 34 + 65 = _____	h. 46 + 43 = _____

Դաս 12. Գումարեք երկու երկնիշ թվեր, որոնց միավորների գումարը փոքր կամ հավասար է 10-ի:

ՄԻԱՎՈՐՆԵՐԻ ՊԱՏՄՈՒԹՅՈՒՆ

Դաս 12 Գնահատման թերթիկ 1•6

Անուն _____ Ամսաթիվ _____

Լուծեք՝ օգտագործելով թվային զույգեր։ Դուք կարող եք որոշել՝ սկզբում միավորները գումարել, թե տասնավորները։ Գրեք երկու թվային արտահայտություն՝ ցույց տալու համար, թե ինչպես եք լուծել։

a. 56 + 43 = _____

b. 22 + 75 = _____

Դաս 12. Գումարեք երկու երկնիշ թվեր, որոնց միավորների գումարը փոքր կամ հավասար է 10-ի:

Կարդացեք

Խուլիոն այս շաբաթ կարդաց 6 գիրք: Էմին այս շաբաթ կարդաց 12 գիրք:

a. Քանի՞ գիրք պակաս կարդաց Խուլիոն Էմիից:

b. Քանի՞ գիրք կարդացին նրանք միասին:

c. Քանի՞ գիրք ավելի պիտի կարդար Խուլիոն, որպեսզի նրա կարդացած գրքերը Էմիի կարդացածից 1-ով ավելի լինեին:

Նկարեք

Գրեք

74 Դաս 13. Գումարեք երկու երկնիշ թվեր, որոնց միավորների գումարը մեծ է 10-ից՝ օգտագործելով բաշխման եղանակը:

ՄԻԱՎՈՐՆԵՐԻ ՊԱՏՄՈՒԹՅՈՒՆ

Դաս 13 Խնդիրներ 1•6

Անուն _____ Ամսաթիվ _____

1. Լուծեք և ցույց տվեք ձեր աշխատանքը:

a. 79 + 12 = _____

b. 59 + 32 = _____

c. 38 + 45 = _____

d. 36 + 47 = _____

e. 48 + 45 = _____

f. 57 + 34 = _____

Դաս 13. Գումարեք երկու երկնիշ թվեր, որոնց միավորների գումարը մեծ է 10-ից՝ օգտագործելով բաշխման եղանակը:

2. Լուծեք և ցույց տվեք ձեր աշխատանքը:

a. 24 + 37 = ______	b. 48 + 45 = ______
c. 29 + 67 = ______	d. 48 + 34 = ______
e. 69 + 27 = ______	f. 78 + 17 = ______

76 Դաս 13. Գումարեք երկու երկնիշ թվեր, որոնց միավորների գումարը մեծ է 10-ից՝ օգտագործելով բաշխման եղանակը:

EUREKA MATH

Անուն ______________________________ Ամսաթիվ ________________

Լուծեք և ցույց տվեք ձեր աշխատանքը:

a. 49 + 37 = ______	b. 56 + 38 = ______

Դաս 13. Գումարեք երկու երկնիշ թվեր, որոնց միավորների գումարը մեծ է 10-ից՝ օգտագործելով բաշխման եղանակը:

Կարդացեք

Ճաշասեղանի մոտ դրված է 12 աթոռ, իսկ աշակերտները 15-ն են: Քանի՞ աթոռ պետք է ավելացվի, որպեսզի բոլոր աշակերտներն աթոռ ունենան:

Նկարեք

Գրեք

Դաս 14. Գումարեք երկու երկնիշ թվեր, որոնց միավորների գումարը մեծ է 10-ից՝ օգտագործելով բաշխման եղանակը:

Անուն ______________________ Ամսաթիվ ______________

1. Լուծեք և ցույց տվեք ձեր աշխատանքը:

a. 48 + 21 = ______	b. 48 + 22 = ______
c. 39 + 43 = ______	d. 48 + 34 = ______
e. 77 + 14 = ______	f. 67 + 27 = ______
g. 58 + 37 = ______	h. 68 + 29 = ______

Դաս 14. Գումարեք երկու երկնիշ թվեր, որոնց միավորների գումարը մեծ է 10-ից՝ օգտագործելով բաշխման եղանակը:

ՄԻԱՎՈՐՆԵՐԻ ՊԱՏՄՈՒԹՅՈՒՆ   Դաս 14 Խնդիրներ   1•6

2. Լուծեք և ցույց տվեք ձեր աշխատանքը:

a. 39 + 31 = _____	b. 58 + 23 = _____
c. 77 + 23 = _____	d. 69 + 26 = _____
e. 68 + 25 = _____	f. 45 + 37 = _____
g. 59 + 39 = _____	h. 58 + 38 = _____

Դաս 14. Գումարեք երկու երկնիշ թվեր, որոնց միավորների գումարը մեծ է 10-ից՝ օգտագործելով բաշխման եղանակը:

Անուն ________________________________ Ամսաթիվ ________________

Լուծեք և ցույց տվեք ձեր աշխատանքը:

a. 47 + 42 = ______	b. 78 + 22 = ______
c. 56 + 38 = ______	

Դաս 14. Գումարեք երկու երկնիշ թվեր, որոնց միավորների գումարը մեծ է 10-ից՝ օգտագործելով բաշխման եղանակը:

Կարդացեք

Դասարանում կա 20 աշակերտ։ Ինը աշակերտ հանել են իրենց պայուսակները։ Քանի՞ աշակերտներ են մնացել, որ դեռ պիտի հանեն իրենց պայուսակները։

Նկարեք

Գրեք

_____

_____

_____

Դաս 15. Գումարեք երկու երկնիշ թվեր, որոնց միավորների գումարը մեծ է 10-ից՝ օգտագործելով գծագիր։ Գումարը գրանցեք ստորև։

Անուն ______________________ Ամսաթիվ ____________

1. Լուծեք՝ օգտագործելով տասնավորների և միավորների գծապատկերը: Հիշեք տասնյակները տասնյակների հետ միացնել, իսկ միավորները՝ միավորների: Գումարը գրեք ձեր գծագրի տակ:

a. 29 + 42 = ______	b. 39 + 54 = ______
c. 41 + 38 = ______	d. 58 + 24 = ______
e. 47 + 46 = ______	f. 48 + 29 = ______

Դաս 15. Գումարեք երկու երկնիշ թվեր, որոնց միավորների գումարը մեծ է 10-ից՝ օգտագործելով գծագիր: Գումարը գրանցեք ստորև:

2. Լուծեք՝ տասնյակների ու միավորների օգնությամբ: Հիշեք տասնյակները տասնյակների հետ միացնել, իսկ միավորները՝ միավորների: Գումարը գրեք ձեր գծագրի տակ:

a. 49 + 22 = ______	b. 38 + 62 = ______
c. 59 + 23 = ______	d. 68 + 14 = ______
e. 46 + 36 = ______	f. 69 + 26 = ______

EUREKA MATH

ՄԻԱՎՈՐՆԵՐԻ ՊԱՏՄՈՒԹՅՈՒՆ

Դաս 15 Գնահատման թերթիկ   1•6

Անուն _____   Ամսաթիվ _____

Լուծեք՝ կազմելով տասնավորների և միավորների գծապատկերը: Հիշեք գծերով միացնել ձեր գծագրերը և գումարը գրել ձեր գծագրի տակ:

a. 49 + 34 = _____	b. 57 + 36 = _____

Դաս 15. Գումարեք երկու երկնիշ թվեր, որոնց միավորների գումարը մեծ է 10-ից՝ օգտագործելով գծագիր: Գումարը գրանցեք ստորև:

89

ՄԻԱՎՈՐՆԵՐԻ ՊԱՏՄՈՒԹՅՈՒՆ   Դաս 16 Գործնական խնդիր   1•6

Կարդացեք

Տասնհինգ աշակերտ ճաշին պիցցա պատվիրեցին։ Յոթ աշակերտ տնից էին իրենց հետ բերել ճաշը։ Համեմատած պիցցա պատվիրողների հետ՝ քանիսո՞վ էր պակաս տնից իրենց հետ ճաշը բերած աշակերտների թիվը։

Նկարեք

Գրեք

_____

_____

_____

Դաս 16. Գումարեք երկու երկնիշ թվեր, որոնց միավորների գումարը մեծ է 10-ից՝ օգտագործելով գծագիր։ Նոր տասնյակը գրանցեք ստորև։

Անուն _____ Ամսաթիվ _____

1. Լուծեք՝ օգտագործելով տասնավորների և միավորների գծապատկերը: Հիշեք գծերով միացնել ձեր գծագրերը և նորից գրել թվային արտահայտությունն ուղղահայաց:

   a. 29 + 43 = _____

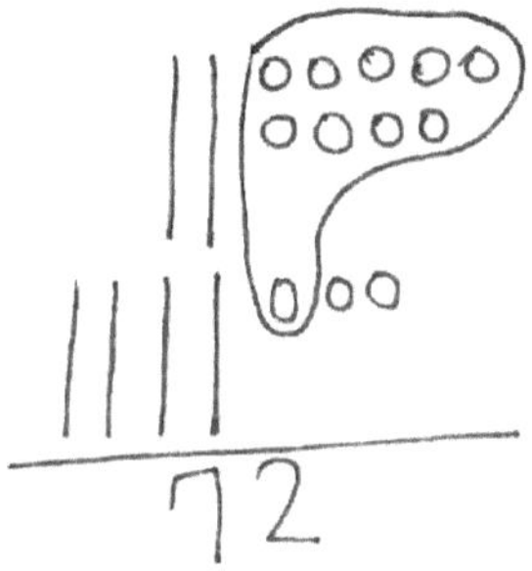

   $$\begin{array}{r} 29 \\ +43 \\ \hline 72 \end{array}$$

   b. 34 + 49 = _____

   c. 45 + 39 = _____

   d. 54 + 25 = _____

   e. 47 + 36 = _____

   f. 54 + 46 = _____

Դաս 16. Գումարեք երկու երկնիշ թվեր, որոնց միավորների գումարը մեծ է 10-ից՝ օգտագործելով գծագիր: Նոր տասնյակը գրանցեք ստորև:

2. Լուծեք՝ տասնյակների ու միավորների օգնությամբ: Հիշեք գծերով միացնել ձեր գծագրերը և նորից գրել թվային արտահայտությունն ուղղահայաց:

a. 39 + 24 = ______	b. 58 + 36 = ______
c. 55 + 37 = ______	d. 59 + 36 = ______
e. 37 + 58 = ______	f. 68 + 29 = ______

94 Դաս 16. Գումարեք երկու երկնիշ թվեր, որոնց միավորների գումարը մեծ է 10-ից՝ օգտագործելով գծագիր: Նոր տասնյակը գրանցեք ստորև:

EUREKA MATH

ՄԻԱՎՈՐՆԵՐԻ ՊԱՏՄՈՒԹՅՈՒՆ   Դաս 16՝ Նախատատման թերթիկ   1•6

Անուն _____   Ամսաթիվ _____

Լուծեք՝ տասնյակների ու միավորների օգնությամբ։ Հիշեք գծերով միացնել ձեր գծագրերը և նորից գրել թվային արտահայտությունն ուղղահայաց։

a. 49 + 26 = _____

b. 58 + 37 = _____

c. 55 + 37 = _____

d. 69 + 26 = _____

Դաս 16.   Գումարեք երկու երկնիշ թվեր, որոնց միավորների գումարը մեծ է 10-ից՝ օգտագործելով գծագիր։ Նոր տասնյակը գրանցեք ստորև։

95

Կարդացեք

Ռոզան կենդանաբանական այգում տեսավ 14 կապիկ։ Նրա տեսած կապիկները 5-ով պակաս էին աղվեսներից։ Քանի՞ կապիկ տեսավ Ռոզան։

Նկարեք

Գրեք

___

Դաս17. Գումարեք երկու երկնիշ թվեր, որոնց միավորների գումարը մեծ է 10-ից՝ օգտագործելով գծագիր։ Նոր տասնյակը գրանցեք ստորև։

ՄԻԱՎՈՐՆԵՐԻ ՊԱՏՄՈՒԹՅՈՒՆ

Դաս 17 Խնդիրներ   1•6

Անուն _____   Ամսաթիվ _____

1. Լուծեք՝ օգտագործելով տասնավորների և միավորների գծապատկերը: Հիշեք գծերով միացնել ձեր տասնյակներն ու միավորները և նորից գրել թվային արտահայտությունն ուղղահայաց:

a. 39 + 52 = _____	b. 48 + 42 = _____
c. 47 + 42 = _____	d. 47 + 47 = _____
e. 68 + 17 = _____	f. 68 + 29 = _____

Դաս 17.   Գումարեք երկու երկնիշ թվեր, որոնց միավորների գումարը մեծ է 10-ից՝ օգտագործելով գծագիր: Նոր տասնյակը գրանցեք ստորև:

2. Լուծեք՝ օգտագործելով տասնավորների և միավորների գծապատկերը: Հիշեք գծերով միացնել ձեր տասնյակներն ու միավորները և նորից գրել թվային արտահայտությունն ուղղահայաց:

a. 39 + 32 = ______	b. 48 + 31 = ______
c. 43 + 49 = ______	d. 57 + 38 = ______
e. 61 + 39 = ______	f. 68 + 25 = ______

100 Դաս 17. Գումարեք երկու երկնիշ թվեր, որոնց միավորների գումարը մեծ է 10-ից՝ օգտագործելով գծագիր: Նոր տասնյակը գրանցեք ստորև:

EUREKA MATH

Անուն ______________________________ Ամսաթիվ ________________

Լուծեք՝ կազմելով տասնավորների և միավորների գծապատկերը: Հիշեք գծերով միացնել ձեր տասնյակներն ու միավորները և նորից գրել թվային արտահայտությունն ուղղահայաց:

a. 39 + 47 = ______	b. 58 + 32 = ______
c. 49 + 44 = ______	d. 58 + 39 = ______

Դաս 17. Գումարեք երկու երկնիշ թվեր, որոնց միավորների գումարը մեծ է 10-ից՝ օգտագործելով գծագիր: Նոր տասնյակը գրանցեք ստորև: 101

Կարդացեք

Առավոտյան գյուղացին վանդակներում 12 ճագար հաշվեց: Կեսօրին նա վանդակներում հաշվեց միայն 4 ճագար: Քանի՞ ճագար էր անհետացել վանդակներից:

Նկարեք

Գրեք

_____

_____

_____

Անուն ______________________ Ամսաթիվ ______________

Ընտրեք ցանկացած եղանակ՝ ստորև ներկայացված խնդիրները լուծելու համար:

1. 74 + 21 = ______	2. 79 + 21 = ______
3. 46 + 34 = ______	4. 58 + 34 = ______
5. 35 + 14 = ______	6. 35 + 18 = ______

ՄԻԱՎՈՐՆԵՐԻ ՊԱՏՄՈՒԹՅՈՒՆ   Դաս 18 Գնահատման թերթիկ   1•6

Անուն _____   Ամսաթիվ _____

Շրջանակի մեջ առեք ճիշտ լուծումը:

Ազատ տարածքում ուղղեք մյուս լուծման սխալը՝ օգտագործելով լուծման նույն եղանակը, ինչ աշակերտն էր փորձում:

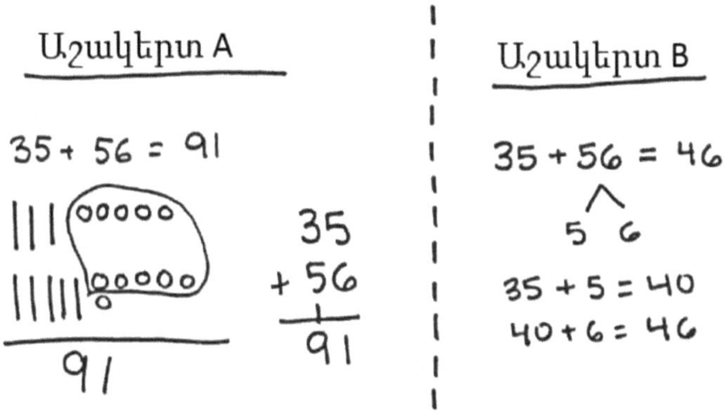

Աշակերտ A

35 + 56 = 91

|||(ooooo)   35
|||||(ooooo)   + 56
                  ———
     91   91

Աշակերտ B

35 + 56 = 46
      ∧
     5 6

35 + 5 = 40
40 + 6 = 46

Դաս 18. Գումարեք միավորների փոփոխական գումարներով երկնիշ թվերը և համեմատեք լուծման տարբեր եղանակներով ստացված արդյունքները։

107

ՄԻԱՎՈՐՆԵՐԻ ՊԱՏՄՈՒԹՅՈՒՆ   Դաս 19 Գործնական խնդիր   1•6

Կարդացեք

Քարտերի ցուցադրությունից առաջ Բենը 16 բեյսբոլի քարտ ուներ: Քարտերի ցուցադրությունից հետո նրա բեյսբոլի քարտերը դարձան 20-ը: Քանի՞ քարտ ավելացավ Բենի հավաքածուին:

Նկարեք

Գրեք

_____

_____

_____

Դաս 19. Լուծեք և կիսվեք փոփոխական գումարներով երկնիշ թվերի գումարման եղանակներով:

ՄԻԱՎՈՐՆԵՐԻ ՊԱՏՄՈՒԹՅՈՒՆ   Դաս 19 Խնդիրներ   1•6

Անուն _____   Ամսաթիվ _____

Ընտրեք ձեր նախընտրած եղանակը՝ ստորև ներկայացված խնդիրները լուծելու համար:

1. 43 + 21 = _____	2. 43 + 41 = _____
3. 62 + 38 = _____	4. 52 + 48 = _____
5. 75 + 14 = _____	6. 75 + 16 = _____

Դաս 19 .   Լուծեք և կիսվեք փոփոխական գումարներով երկնիշ թվերի գումարման եղանակներով:

ՄԻԱՎՈՐՆԵՐԻ ՊԱՏՄՈՒԹՅՈՒՆ   Դաս 19 Խնդիրներ   1•6

Ընտրեք ձեր նախընտրած եղանակը՝ ստորև ներկայացված խնդիրները լուծելու համար:

7. 29 + 54 = _____	8. 27 + 54 = _____
9. 38 + 23 = _____	10. 58 + 36 = _____
11. 49 + 19 = _____	12. 28 + 69 = _____

Դաս 19 . Լուծեք և կիսվեք փոփոխական գումարներով երկնիշ թվերի գումարման եղանակներով:

Անուն ______________________ Ամսաթիվ ____________

Ընտրեք ձեր նախընտրած եղանակը՝ ստորև ներկայացված խնդիրները լուծելու համար:

a.	b.
24 + 38 = ______	24 + 48 = ______

Դաս 19. Լուծեք և կիսվեք փոփոխական գումարներով երկնիշ թվերի գումարման եղանակներով:

Կարդացեք

Թամրան կենդանաբանական այգում տեսավ 10 վագրակատու։ Նրա տեսած ընձառյուծները 8-ով շատ էին վագրակատուներից։ Քանի՞ ընձառյուծ նա տեսավ։

Նկարեք

Գրեք

Անուն ______________________________ Ամսաթիվ ________________

1. Ընտրեք բառերը՝ մետաղադրամները նշելու համար: Մետաղադրամը ցուցադրված է առջևի և հետևի կողմերից:

պեննի (1 ցենտանոց մետաղադրամ)
5 ցենտանոց մետաղադրամ
10 ցենտանոց մետաղադրամ

a. ________________ b. ________________ c. ________________

2. Ավելի շատ պեննիներ նկարեք, որպեսզի ցույց տաք յուրաքանչյուր մետաղադրամի արժեքը:

a.

b.

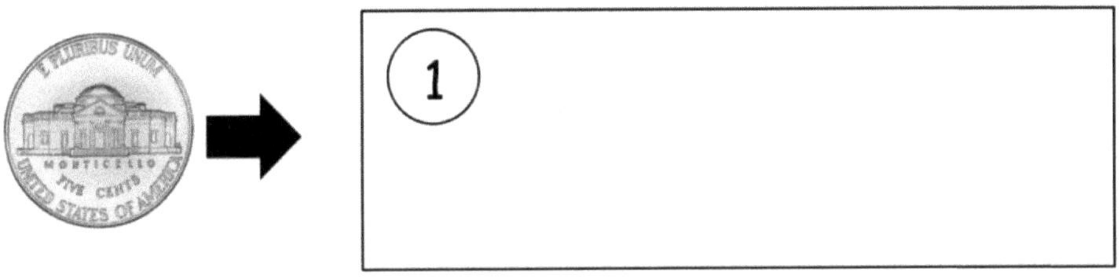

3. Քիմի ափի մեջ կա 5 ցենտ: Խաչիկ քաշեք (x) այն ձեռքի ափի վրա, որը Քիմինը չէ:

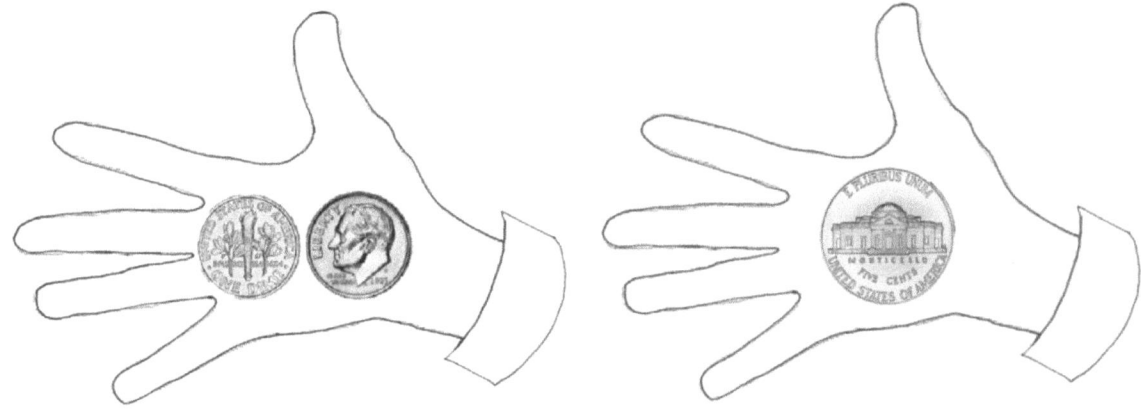

| ՄԻԱՎՈՐՆԵՐԻ ՊԱՏՄՈՒԹՅՈՒՆ | Դաս 20 Խնդիրներ | 1•6 |

4. Անտոնը գրպանում ունի 10 ցենտ: Նրա մետաղադրամներից մեկը 5 ցենտ է: Երկու տարբեր եղանակներով նկարեք նրա գրպանում եղած 10 ցենտ կազմող մետաղադրամները:

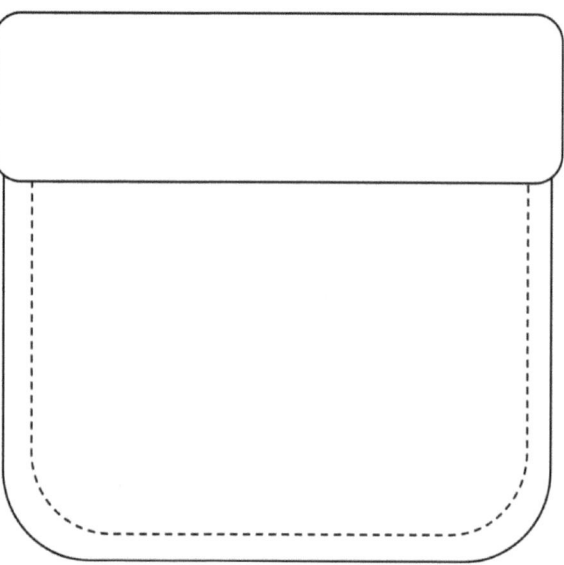 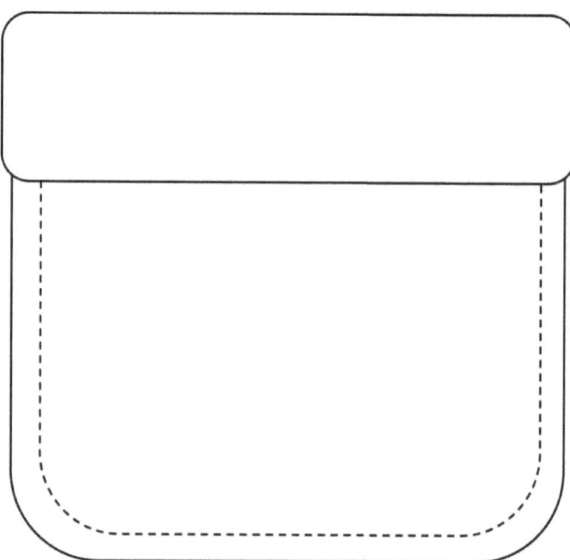

5. Էմին ասում է, որ ինքն ավելի շատ գումար ունի, քան Կիանան: Արդյո՞ք նա ճիշտ է ասում: Ինչո՞ւ այո, կամ ոչ:

Էմիի գումարը   Կիանայի գումարը

Էմին ճիշտ է ասում/ճիշտ չի ասում, քանի որ _____

_____

Անուն _____   Ամսաթիվ _____

1. Ընտրեք պեննիները, որոնք համապատասխանում են մետաղադրամի արժեքին:

   a.

   b.

2. Բենն ունի 10 ցենտ: Նրա մոտ մեկ 5 ցենտանոց մետաղադրամ կա: Նկարեք մետաղադրամ (մետաղադրամներ)՝ ցույց տալու համար, թե ուրիշ ինչ մետաղադրամ (մետաղադրամներ) կարող է լինել նրա մոտ:

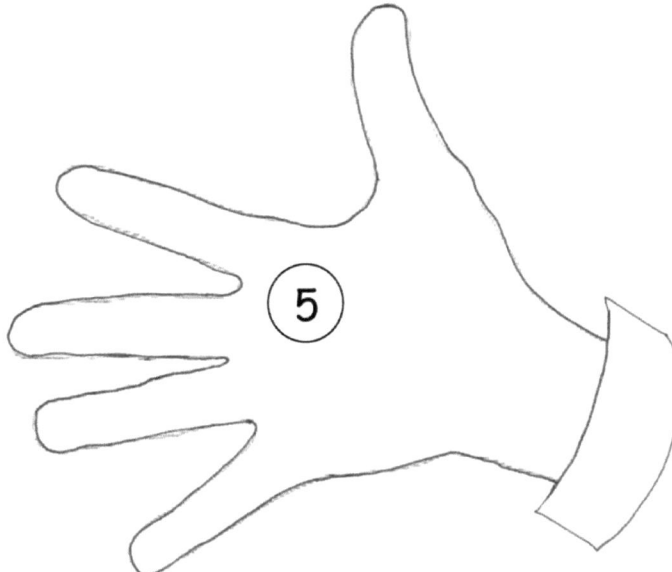

Կարդացեք

Վիլին կենդանաբանական այգում տեսավ 11 կապիկ։ Նրա տեսած կապիկները 4-ով պակաս էին վագրերից։ Քանի՞ վագր տեսավ նա կենդանաբանական այգում։

Նկարեք

Գրեք

_____

_____

Անուն ______________________ Ամսաթիվ ____________

1. 25 ցենտ ստանալու համար կիրառեք մետաղադրամների տարբեր համադրություններ:

a.	____ պեննիներ	
b.	____ 10 ցենտանոց մետաղադրամներ ____ պեննիներ	
c.	____ 10 ցենտանոց մետաղադրամներ ____ 5 ցենտանոց մետաղադրամներ	
d.	____ 5 ցենտանոց մետաղադրամներ ____ պեննիներ	
e.	____ 5 ցենտանոց մետաղադրամներ	
f.	____ քառորդ	

Դաս 21. Ճանաչեք 25 ցենտանոց մետաղադրամներն՝ ըստ իրենց պատկերի, անվանման և արժեքի: Բաշխեք 25 ցենտանոց մետաղադրամի արժեքն՝ օգտագործելով պեննիներ (1 ցենտանոց մետաղադրամներ), 5 և 10 ցենտանոց մետաղադրամներ:

2. Ընտրեք բառերը՝ նշելու համար մետաղադրամները:

| պեննիներ (1 ցենտանոց մետաղադրամներ) | 5 ցենտանոց մետաղադրամներ | 10 ցենտանոց մետաղադրամներ | 25 ցենտանոց մետաղադրամներ |

a. _____ b. _____ c. _____ d. _____

3. Տարբեր մետաղադրամներ նկարեք՝ ցույց տալու համար ցուցադրված մետաղադրամի արժեքը:

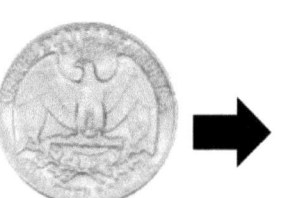

4. Ընտրեք մետաղադրամի համադրություններ, որոնք համապատասխանում են մետաղադրամի արժեքին:

a.    •   •

b.    •   •

c.    •   •

ՄԻԿՎՈՐՆԵՐԻ ՊԱՏՄՈՒԹՅՈՒՆ　　　Դաս 21 Գնահատման թերթիկ　　1•6

Անուն _____　　Ամսաթիվ _____

Ընտրեք բառերը՝ մետաղադրամների անվանումները գրելու համար:

| 10 ցենտանոց մետաղադրամներ | 5 ցենտանոց մետաղադրամներ | պեննիներ (1 ցենտանոց մետաղադրամներ) | 25 ցենտանոց մետաղադրամներ |

a. _____　b. _____　c. _____　d. _____

Դաս 21.　　Ճանաչեք 25 ցենտանոց մետաղադրամներն՝ ըստ իրենց պատկերի, անվանման և արժեքի:
Բաշխեք 25 ցենտանոց մետաղադրամի արժեքն՝ օգտագործելով պեննիներ (1 ցենտանոց մետաղադրամներ), 5 և 10 ցենտանոց մետաղադրամներ:

125

Կարդացեք

Փիթերի կարմիր մատիտները 6-ով շատ են կապույտ մատիտներից։ Նա ունի 8 կապույտ մատիտ։ Քանի՞ կարմիր մատիտ ունի նա։

Նկարեք

Գրեք

___

___

___

ՄԻԱՎՈՐՆԵՐԻ ՊԱՏՄՈՒԹՅՈՒՆ   Դաս 22 Խնդիրներ   1•6

Անուն _____   Ամսաթիվ _____

1. Ընտրեք բառերը՝ նշելու համար մետաղադրամները:

| 25 ցենտանոց մետաղադրամ | 10 ցենտանոց մետաղադրամ | 5 ցենտանոց մետաղադրամ | պեննի (1 ցենտանոց մետաղադրամ) |

a. _____   b. _____   c. _____   d. _____

2. Ընտրեք մետաղադրամների այնպիսի համադրություններ, որ համապատասխանեն աջ կողմում պատկերված մետաղադրամի արժեքին:

a.

b.

c.

3. Թամրայի ափի մեջ կա 25 ցենտ: Խաչիկ քաշեք (x) այն ձեռքի ափի վրա, որը Թամրայինը չէ:

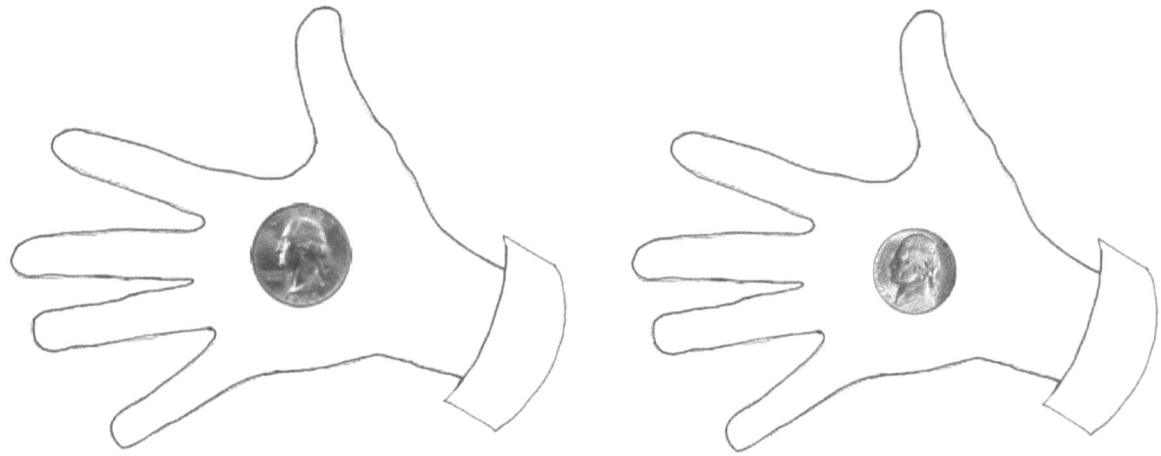

4. Բենը կարծում է, որ ինքն ավելի շատ փող ունի, քան Փիթերը: Նա ճի՞շտ է կարծում: Ինչո՞ւ այո, կամ ոչ:

Բենի գումարը

Պիտերի գումարը

Բենը ____________________ քանի որ ____

____

5. Լուծեք: Ընտրեք պատասխանը, որը համապատասխանում է մետաղադրամի արժեքին:

a. 5 պեննի = ______ցենտ •

b. 6 ցենտ + 4 ցենտ = ______ցենտ •

c. 25 ցենտանոց = ______ցենտ •

d. 6 ցենտ – 5 ցենտ = ______ցենտ •

•

•

•

•

EUREKA MATH

ՄԻԱՎՈՐՆԵՐԻ ՊԱՏՄՈՒԹՅՈՒՆ   Դաս 22 Գնահատման թերթիկ   1•6

Անուն _____   Ամսաթիվ _____

Գծերով միացրեք մետաղադրամներն իրենց համապատասխան անվանումներին։

●   10 ցենտանոց   ●

●   5 ցենտանոց   ●

●   պեննի   ●

●   25 ցենտանոց   ●

Դաս 22. Ճանաչեք մետաղադրամներն՝ ըստ իրենց պատկերի, անվանման կամ արժեքի։ Ցանկացած մետաղադրամի արժեքին ավելացրեք մեկ ցենտ։

EUREKA MATH

Կարդացեք

Փիթերի կանաչ յուղամատիտները 8-ով շատ են դեղին յուղամատիտներից։ Փիթերն ունի 10 կանաչ յուղամատիտ։ Քանի՞ դեղին յուղամատիտ ունի Փիթերը։

Նկարեք

Գրեք

_____

_____

_____

Անուն _____ Ամսաթիվ _____

1. Ավելացրեք այնքան պեննի, որպեսզի ստանաք նշված գումարը։

a. 8 ցենտ	
b. 30 ցենտ	
c. 10 ցենտ	
d. 18 ցենտ	

2. Գրեք յուրաքանչյուր խմբի մետաղադրամների արժեքը։

a.

_____ ցենտ

ՄԻԱՎՈՐՆԵՐԻ ՊԱՏՄՈՒԹՅՈՒՆ   Դաս 23 Խնդիրներ   1•6

b.  _____ ցենտ

c.  _____ ցենտ

d.  _____ ցենտ

e.  _____ ցենտ

Դաս 23. Պեննիներով հաշվեք բոլոր մետաղադրամները:

Անուն ______________________________ Ամսաթիվ ________________

Ավելացրեք այնքան պեննի, որպեսզի ստանաք նշված գումարը:

a.	9 ցենտ	
b.	29 ցենտ	

Դաս 23. Պեննիներով հաշվեք բոլոր մետաղադրամները: 137

Կարդացեք

Ստվարաթղթե տուփի մեջ կա 8 ձու։ Ստվարաթղթե տուփի մեջ կարող են տեղավորվել 12 ձու։

Քանի՞ ձու պետք է ավելացնել, որպեսզի տուփը լցվի։

Նկարեք

Գրեք

_____

_____

_____

ՄԻԱՎՈՐՆԵՐԻ ՊԱՏՄՈՒԹՅՈՒՆ

Դաս 24 Խնդիրներ 1•6

Անուն _____ Ամսաթիվ _____

1. Հաշվեք յուրաքանչյուր խմբի մետաղադրամների արժեքը: Համապատասխանաբար լրացրեք թվային արժեքների աղյուսակը: Գրեք 10 ցենտանոց մետաղադրամների և պեննիների արժեքների գումարման արտահայտություն:

a.

տասեր	մեկեր

_____

b.

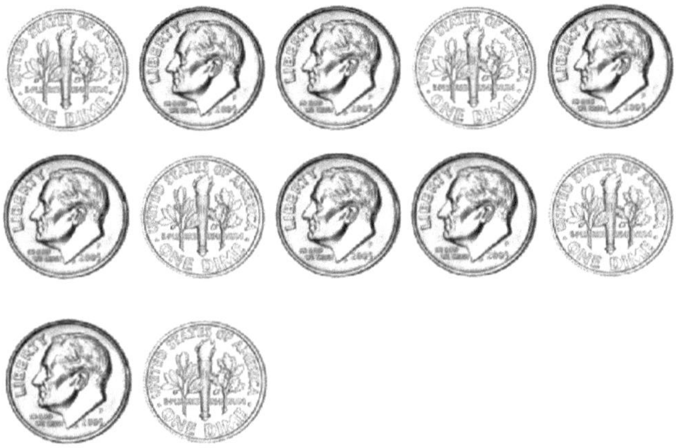

տասեր	մեկեր

_____

c.

տասեր	մեկեր

_____

Դաս 24.   10 ցենտանոց մետաղադրամներով ու պեննիներով ներկայացրեք մինչև 120-ը թվերը:

141

2. Ընտրեք խումբը, որտեղ պատկերված է նշված գումարը։ Համապատասխանաբար լրացրեք թվային արժեքների աղյուսակը։

a. 80 ցենտ

տասեր	մեկեր

b. 100 ցենտ

տասեր	մեկեր

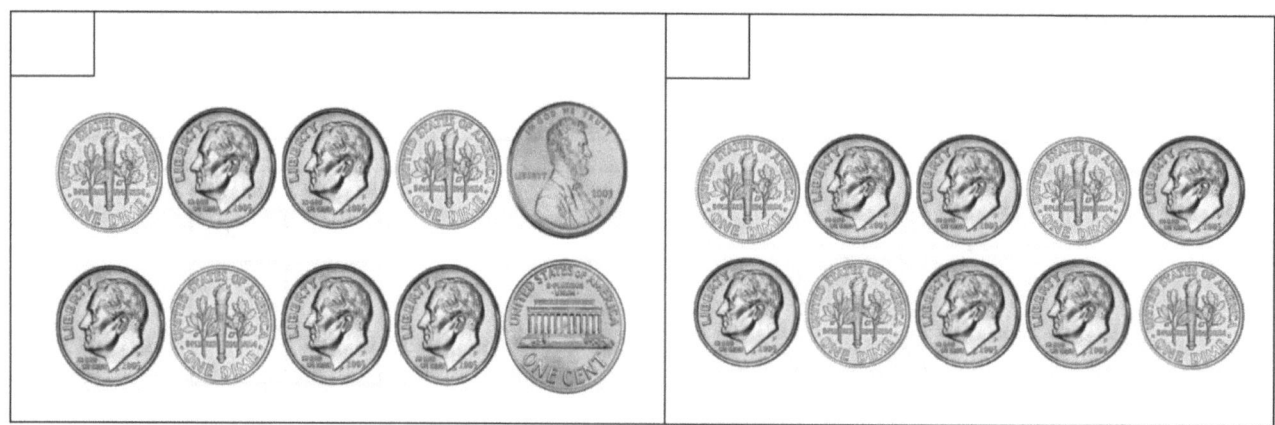

3. Նկարեք 58 ցենտ՝ 10 ցենտանոց մետաղադրամներով և պեննիներով։ Լրացրեք թվային արժեքների աղյուսակը։

տասեր	մեկեր

ՄԻԱՎՈՐՆԵՐԻ ՊԱՏՄՈՒԹՅՈՒՆ   Դաս 24 Ստուգողական աշխատանք   1•6

Անուն _____   Ամսաթիվ _____

Հաշվեք խմբերի մետաղադրամների արժեքը: Համապատասխանաբար լրացրեք թվային արժեքների աղյուսակը: Գրեք 10 ցենտանոց մետաղադրամների և պեննիների արժեքների գումարման արտահայտություն:

տասեր	մեկեր

_____

Դաս 24.   10 ցենտանոց մետաղադրամներով ու պեննիներով ներկայացրեք մինչև
120-ը թվերը:

ՄԻԱՎՈՐՆԵՐԻ ՊԱՏՄՈՒԹՅՈՒՆ — Դաս 25 Խնդիրներ 1•6

Անուն _____   Ամսաթիվ _____

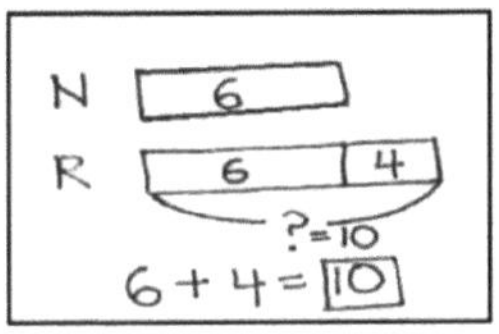

Կարդացեք բառային խնդիրը:
Նկարեք ժապավենաձև դիագրամ կամ կրկնակի ժապավենաձև դիագրամ և նշումներ կատարեք:
Գրեք թվային արտահայտություն և պնդում, որը համապատասխանում է իրադրությանը:

Ժապավենաձև դիագրամի օրինակ

```
N [  6  ]
R [  6  | 4 ]
       ?=10
    6 + 4 = [10]
```

1. Կիանան գրեց 3 բանաստեղծություն: Նա 7 բանաստեղծություն ավելի քիչ գրեց, քան իր քույր Էմին: Քանի՞ բանաստեղծություն գրեց Էմին:

2. Մարիան 14 ուլունք օգտագործեց՝ ապարանջան պատրաստելու համար: Մարիան 4 ուլունք ավելի օգտագործեց, քան Քիմը: Քանի՞ ուլունք օգտագործեց Քիմն՝ իր ապարանջանը պատրաստելու համար:

3. Փիթերը նկարեց 19 տիեզերանավ: Ռոզան նկարեց 5 տիեզերանավ ավելի քիչ, քան Փիթերը: Քանի՞ տիեզերանավ նկարեց Ռոզան:

Դաս 25. Լուծեք, համեմատեք ավելի մեծ կամ ավելի փոքր անհայտով տարբեր խնդիրներ:

4. Ամռան ընթացքում Բենը դիտեց 9 կինոնկար: Լին 4 կինոնակար ավելի դիտեց, քան Բենը: Քանի՞ կինոնկար դիտեց Լին:

5. Անտոնի ընտանիքը հանգստանալու մեկնելու համար 10 ճամպրուկ հավաքեց: Անտոնի ընտանիքը 3 ճամպրուկ ավելի շատ հավաքեց, քան Ֆաթիմայի ընտանիքը: Քանի՞ ճամպրուկ հավաքեց Ֆաթիմայի ընտանիքը:

6. Վիլին 9 նկար ավելի քիչ նկարեց, քան Խուլիոն: Խուլիոն նկարեց 16 նկար: Քանի՞ նկար նկարեց Վիլին:

ՄԻԱՎՈՐՆԵՐԻ ՊԱՏՄՈՒԹՅՈՒՆ　　　Դաս 25 Գնահատման թերթիկ　1•6

Անուն _____　　　Ամսաթիվ _____

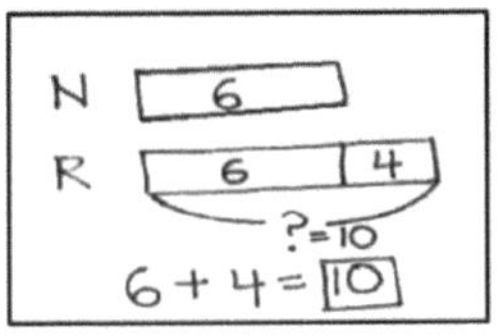

Կարդացեք բառային խնդիրը:
Նկարեք ժապավենաձև դիագրամ կամ կրկնակի
ժապավենաձև դիագրամ և նշումներ կատարեք:
Գրեք թվային արտահայտություն և պնդում, որը
համապատասխանում է իրադրությանը:

ժապավենաձև դիագրամի օրինակ

```
N [   6   ]
R [   6   | 4 ]
       ?=10
   6 + 4 = [10]
```

Անձրևից հետո Վիլին ցատկեց 7-ով ավելի ջրափոսի վրայով, քան Խուլիոն: Վիլին ցատկեց
11 ջրափոսի վրայով: Անձրևից հետո քանի՞ ջրափոսի վրայով ցատկեց Խուլիոն:

Դաս 25.　Լուծեք, համեմատեք ավելի մեծ կամ ավելի փոքր անհայտով
　　　　　տարբեր խնդիրներ:

Անուն _____ Ամսաթիվ _____

Ժապավենաձև դիագրամի օրինակ

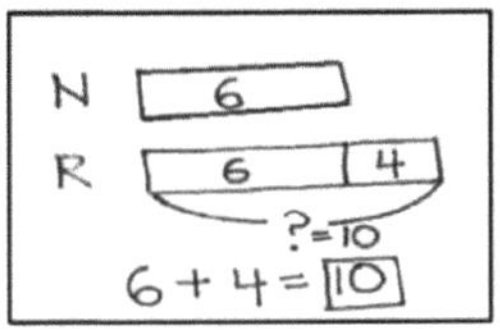

Կարդացեք բառային խնդիրը:
Նկարեք ժապավենաձև դիագրամ կամ կրկնակի ժապավենաձև դիագրամ և նշումներ կատարեք:
Գրեք թվային արտահայտություն և պնդում, որը համապատասխանում է իրադրությանը:

1. Թոնին 16 էջանոց գիրք է կարդում: Մարիան կարդում է 10 էջանոց գիրք: Քանի՞ էջ ավելի ունի Թոնիի գիրքը՝ Մարիայի գրքի համեմատ:

2. Շանիկան կառուցեց աշտարակ 14 բլոկով: Թամրան կառուցեց աշտարակ՝ օգտագործելով 5 բլոկ ավելի, քան Շանիկան: Քանի՞ բլոկ օգտագործեց Թամրան՝ իր աշտարակը կառուցելու համար:

3. Դարնելը 10 րոպեում հասավ Կիանայի տուն: Հաջորդ օրը Կիանան ընտրեց կարճ ճանապարհի ու Դարնելի տուն հասավ 8 րոպեում: Ինչքա՞ն շուտ հասավ Կիանան:

Դաս 26. Լուծեք, համեմատեք ավելի մեծ կամ ավելի փոքր անհայտով տարբեր խնդիրներ:

149

ՄԻԱՎՈՐՆԵՐԻ ՊԱՏՄՈՒԹՅՈՒՆ | Դաս 26 Խնդիրներ | 1•6

4. Լին գրքից 16 էջ կարդաց։ Քիմը 4 էջ պակաս կարդաց գրքից։ Քանի՞ էջ կարդաց Քիմը։

5. Նիկիլի ֆուտբոլային թիմը բաղկացած է 13 խաղացողից։ Նիկիլի թիմի խաղացողները 4-ով պակաս են Ռոզայի թիմի խաղացողներից։ Քանի՞ խաղացող կա Ռոզայի թիմում։

6. Ընթրիքից հետո Դարնելը լվաց 15 գդալ։ Նրա լվացած գդալները 9-ով շատ էին պատառաքաղներից։ Քանի՞ պատառաքաղ լվաց Դարնելը։

Անուն ______________________ Ամսաթիվ ______________

Ժապավենաձև դիագրամի օրինակ

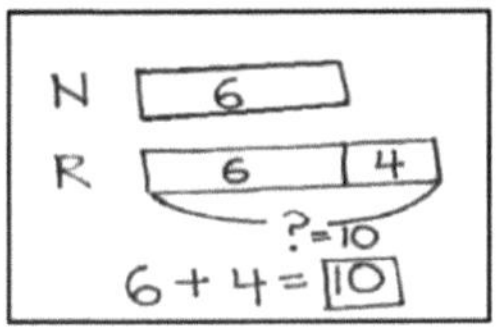

Կարդացեք բառային խնդիրը:
Նկարեք ժապավենաձև դիագրամ կամ կրկնակի ժապավենաձև դիագրամ և նշումներ կատարեք:
Գրեք թվային արտահայտություն և պնդում, որը համապատասխանում է իրադրությանը:

Մարիան ցատկահարթակից ջրավազանի մեջ ցատկեց 3 անգամ ավելի քիչ, քան Էմին: Մարիան ցատկահարթակից ցատկեց 14 անգամ: Քանի՞ անգամ ցատկահարթակից ցատկեց Էմին:

EUREKA MATH Դաս 26. Լուծեք, համեմատեք ավելի մեծ կամ ավելի փոքր անհայտով տարբեր խնդիրներ: 151

ՄԻԱՎՈՐՆԵՐԻ ՊԱՏՈՒԹՅՈՒՆ — Դաս 27 Խնդիրներ   1•6

Անուն _____   Ամսաթիվ _____

Ժապավենաձև դիագրամի օրինակ

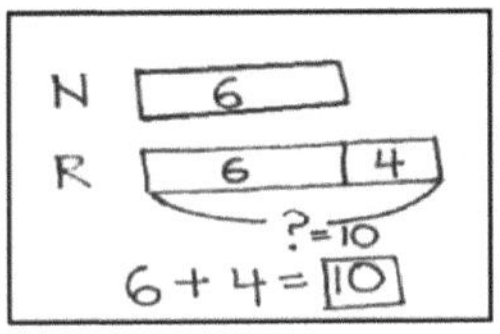

Կարդացեք բառային խնդիրը:
Նկարեք ժապավենաձև դիագրամ կամ կրկնակի ժապավենաձև դիագրամ և նշումներ կատարեք:
Գրեք թվային արտահայտություն և պնդում, որը համապատասխանում է իրադրությանը:

1. Երկուշաբթի օրը ինը նամակ ստացվեց փոստով: Մի քանիսն էլ ստացվեցին երեքշաբթի օրը: Ընդամենը դարձավ 13 նամակ: Ինչքա՞ն նամակ էր ստացվել երեքշաբթի օրը:

2. Բենը և Թամրան իրենց ձմերուկի կտորների մեջ գտան ընդամենը 18 սերմ: Բենն իր կտորի մեջ գտավ 7 սերմ: Քանի՞ սերմ գտավ Թամրան:

3. Մի քանի երեխա խաղում էին խաղահրապարակում: Ութ երեխա նրանց միացան, և նրանց թիվը դարձավ 14: Սկզբում քանի՞ երեխա կար խաղահրապարակում:

4. Վիլին զբոսնեց 7 րոպե: Փիթերը զբոսնեց 14 րոպե: Քանի՞ րոպե ավելի քիչ տևեց Վիլիի զբոսանքը:

5. Էմին տեսավ շարքով գնացող 12 մրջյուն: Ֆրանը տեսավ 6-ով շատ մրջյուն, քան Էմին: Քանի՞ մրջյուն տեսավ Ֆրանը:

6. Շանիկան առջևի գրպանում ունի 13 ցենտ: Նա 8 ցենտ պակաս ունի հետևի գրպանում: Քանի՞ ցենտ ունի Շանիկան հետևի գրպանում:

Անուն ______________________________ Ամսաթիվ ________________

Ժապավենաձև դիագրամի օրինակ

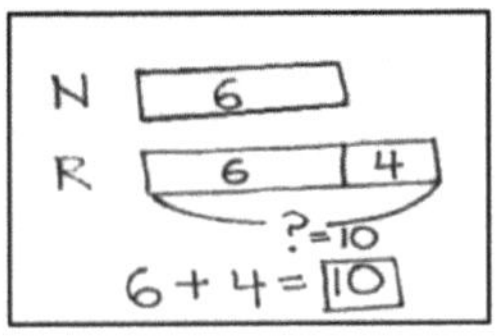

Կարդացեք բառային խնդիրը:
Նկարեք ժապավենաձև դիագրամ կամ կրկնակի ժապավենաձև դիագրամ և նշումներ կատարեք:
Գրեք թվային արտահայտություն և պնդում, որը համապատասխանում է իրադրությանը:

Էմին փորձեց 8 զգեստ ավելի քիչ, քան Նիկին: Էմին փորձեց 4 զգեստ: Քանի՞ զգեստ փորձեց Նիկին:

Դաս 27. Կիսվեք և քննարկեք ձեր ընկերների խնդիրների լուծման եղանակները: 155

Կարդացեք

Դարնելն այսօր լուծեց «Կետերի հաշվման սպրինտի» B մասի 30 խնդիր: Նա հպարտ էր, քանի որ այսօր լուծեց 20-ով ավելի խնդիր, քան դպրոցի առաջին օրը: Քանի՞ խնդիր է նա լուծել դպրոցի առաջին օրը:

Նկարեք

ՄԻԱՎՈՐՆԵՐԻ ՊԱՏՄՈՒԹՅՈՒՆ | Դաս 28 Գործնական խնդիր | 1•6

Գրեք

_____

_____

_____

ՄԻԱՎՈՐՆԵՐԻ ՊԱՏՄՈՒԹՅՈՒՆ   Դաս 28 Խնդիրներ   1•6

Անուն _____   Ամսաթիվ _____

1. Շրջանակի մեջ առեք ժպտացող դեմքը, որը ցույց է տալիս յուրաքանչյուր վարժության մեջ ձեր հմտության մակարդակը:

Վարժություն	Ես դեռ որոշակի պրակտիկայի կարիք ունեմ:	Ես կարողանում եմ լուծել, բայց դեռ որոշ հարցեր ունեմ:	Ես վարժ կարողանում եմ լուծել:
a.			
b.			
c.			
d.			
e.			
f.			

2. Ո՞ր վարժություններն ամենաշատն օգնեցին ձեզ հմտանալ մինչև 10-ը թվերի թվաբանական գործողություններում:

Դաս 28.   Նշեք առաջխաղացումը մինչև 10-ը (և 20-ը) թվերի գումարման և հանման գործողություններում: Կազմակերպեք հետաքրքրաշարժ ամառային պրակտիկա: 159

Կարդացեք

Հոկտեմբերին Թամրան «Թվային զույգերի գծապատկեր» վարժությունից ամենաշատը լուծեց 15 խնդիր: Այսօր նա ճիշտ լուծեց ևս 10 խնդիր: Քանի՞ խնդիր լուծեց այսօր Թամրան:

Նկարեք

Գրեք

ՄԻԱՎՈՐՆԵՐԻ ՊԱՏՄՈՒԹՅՈՒՆ Դաս 30 Ամառային փաթեթ 1•6

Անուն ______________________ Ամսաթիվ ______________

Կատարեք ամենօրյա մաթեմատիկական վարժությունները: Գունավորեք վանդակը, երբ կատարեք ամեն օրվա համար տրված վարժությունները:

Ամառային մաթեմատիկական առաջադրանքների ամփոփում. 1–5 շաբաթ

	Երկուշաբթի	Երեքշաբթի	Չորեքշաբթի	Հինգշաբթի	Ուրբաթ
Շաբաթ 1	Հաշվեք 87-ից մինչև 120 և հակառակ հաջորդականությամբ:	Քարտերով խաղացեք գումարման խաղեր:	Թանգրամի կտորներով կազմեք «Հուլիսի 4» պատկեր:	Տասնյակների և միավորների գծապատկերով պատկերեք 76 թիվը:	Լուծեք Սպրինտը:
Շաբաթ 2	Կատարեք հաշվային կքանստումներ: Հաշվեք 45-ից մինչև 60-ը և հակառակ հաջորդականությամբ՝ «Տասերով հաշվման եղանակով»:	Քարտերով խաղացեք հանման խաղեր:	Կազմեք ձեր խոհանոցում եղած մրգերի տեսակների աղյուսակ: Ի՞նչ բացահայտում արեցիք ձեր աղյուսակից:	Լուծեք 36 + 57: Պատկերի միջոցով արտահայտեք ձեր միտքը:	Լուծեք Սպրինտը:
Շաբաթ 3	Մեկ րոպեում գրեք 37-ից սկսած հնարավորինս շատ թվեր աճման կարգով՝ միաժամանակ ցածրաձայն հաշվելով «Տասերով հաշվման եղանակով»:	Խաղացեք «Թիրախային վարժանք» կամ «Թափահարեք մետաղադրամները» 9 և 10 թվերով:	Չափեք սեղանը գդալներով, իսկ այնուհետև պատառաքաղներով: Ո՞ր մեկից ավելի շատ պահանջվեց: Ինչո՞ւ:	Իսկական մետաղադրամներով կամ մետաղադրամներ նկարելով՝ ցույց տվեք, թե քանի եղանակով կարելի է ստանալ 25 ցենտ:	Լուծեք Սպրինտը:
Շաբաթ 4	Ցատկեր կատարելով տասնյակներով, հաշվեք մինչև 120-ը և հակառակ հաջորդականությամբ մինչև 0:	Խաղացեք «Մրցիր, գցիր, գումարիր» կամ «Քարտերով գումարման» խաղեր:	Հայտնաբերեք երկրաչափական պատկերներ: Գտեք հնարավորինս շատ ուղղանկյուններ կամ ուղղանկյուն պրիզմաներ:	Տասնյակների և միավորների գծապատկերով պատկերեք 45 և 54 թվերը: Շրջանակի մեջ առեք ամենամեծ թիվը:	Լուծեք Սպրինտը:
Շաբաթ 5	Գրեք 75-ից մինչև 120 թվերը:	Խաղացեք «Մրցիր, գցիր, հանիր» կամ «Քարտերով հանման» խաղեր:	Չափեք ձեր լոգասենյակից մինչև ննջասենյակ ճանապարհը: Քայլեք՝ մի ոտքի կրունկը առանց գետնից կտրելու դնելով մյուս ոտքի ոտնաթաթի ծայրին և հաշվեք քայլերը:	23-ին գումարեք 5 տասնյակ: Գումարեք 2: Ի՞նչ թիվ ստացվեց:	Լուծեք Սպրինտը:

Դաս 30. Տուն տանելու համար պատրաստեք տարվա ընթացքում ձեր կատարած աշխատանքը նկարագրող թղթապանակի կազմեր: 163

Անուն ______________________________ Ամսաթիվ ______________

Կատարեք ամենօրյա մաթեմատիկական վարժությունները: Գունավորեք վանդակը, երբ կատարեք ամեն օրվա համար տրված վարժությունները:

Ամառային մաթեմատիկական առաջադրանքների ամփոփում. 6–10 շաբաթ

	Երկուշաբթի	Երեքշաբթի	Չորեքշաբթի	Հինգշաբթի	Ուրբաթ
Շաբաթ 6	Մեկերով հաշվեք 112-ից մինչև 82: Այնուհետև հաշվեք 82-ից մինչև 112:	Խաղացեք «Բացակայող բաղադրիչը» 7 թվի համար:	Մտածեք իրադրություն՝ 9 + 4 արտահայտության համար:	Լուծեք 64 + 38: Պատկերի միջոցով արտահայտեք ձեր միտքը:	Կատարեք Հիմնական գիտելիքների ստուգման աշխատանքները:
Շաբաթ 7	Կատարեք հաշվային կքանստումներ: Հաշվեք 99-ից մինչև 75-ը նվազման կարգով և հակառակ հաջորդականությամբ «Տասերով հաշվման եղանակով»:	Խաղացեք «Մրցիր, գցիր, գումարիր» կամ «Քարտերով գումարման» խաղեր:	Կազմեք ձեր տաբատի գույների աղյուսակը: Ի՞նչ բացահայտում արեցիք ձեր աղյուսակից:	Նկարեք 14 ցենտ՝ 10 ցենտանոց մետաղադրամով և պեննիներով: Նկարեք ևս 10 ցենտ: Ի՞նչ մետաղադրամներ եք օգտագործում:	Կատարեք Հիմնական գիտելիքների ստուգման աշխատանքները:
Շաբաթ 8	Մեկ րոպեում գրեք 116-ից սկսած հնարավորինս շատ թվեր նվազման կարգով:	Խաղացեք «Բացակայող բաղադրիչը» 8 թվի համար:	Մտածեք խնդիր՝ 7 + _____ = 12 արտահայտության համար:	Տասնյակների և միավորների գծապատկերով պատկերեք 76 թիվը: 10 ցենտանոց մետաղադրամների և պեննիների պատկերների միջոցով ցույց տվեք 59 ցենտը:	Կատարեք Հիմնական գիտելիքների ստուգման աշխատանքները:
Շաբաթ 9	Ցատկեր կատարելով տասնյակներով հաշվեք 9-ից մինչև 119 և հակառակ հաջորդականությամբ մինչև 9:	Խաղացեք «Մրցիր, գցիր, հանիր» կամ «Քարտերով հանման» խաղեր:	Հայտնաբերեք երկրաչափական պատկերներ: Գտեք հնարավորինս շատ շրջաններ կամ գնդեր:	Տասնյակների և միավորների գծապատկերով պատկերեք 89 և 84 թվերը: Շրջանակի մեջ առեք փոքր թիվը:	Կատարեք Հիմնական գիտելիքների ստուգման աշխատանքները:
Շաբաթ 10	Մեկ րոպեում գրեք 82-ից սկսած հնարավորինս շատ թվեր աճման կարգով՝ միաժամանակ ցածրաձայն հաշվելով «Տասերով հաշվման եղանակով»:	Խաղացեք «Թիրախային վարժանք» կամ «Թափահարեք մետաղադրամները» 6 և 7 թվերով:	Հաշվեք ձեր ննջասենյակից մինչև խոհանոց քայլերը՝ մի ոտքի կրունկը առանց գետնից կտրելու դնելով մյուս ոտքի ոտնաթաթի ծայրին, այնուհետև խնդրեք, որպեսզի տան անդամներից մեկը նույնն անի: Համեմատեք:	Լուծեք 47 + 24: Պատկերի միջոցով արտահայտեք ձեր միտքը:	Կատարեք Հիմնական գիտելիքների ստուգման աշխատանքները:

Գումարում (կամ հանում) քարտերով

Նյութը՝ 0–10 թվային քարտերի 2 հավաքածու

- Խառնեք քարտերը և հակառակ կողմով դրեք խաղացողների միջև:
- Ամեն խաղացող շրջում է երկու քարտ և գումարում է քարտերի վրա նշված թվերը կամ մեծ թվից հանում է փոքրը:
- Ամենամեծ գումարի կամ ամենափոքր տարբերության արդյունքով քարտեր ունեցող խաղացողը վերցնում է երկու խաղացողների քարտերն այդ ռաունդում:
- Եթե գումարի և տարբերության արդյունքները նույնն են, քարտերը մի կողմ են դնում, և հաջորդ ռաունդում հաղթողը վերցնում է երկու ռաունդների քարտերը:
- Երբ ընդհանուր քարտերը վերջանում են, հաղթում է նա, ով ավելի շատ քարտ է ունենում:

Սպրինտ

Նյութ՝ Սպրինտ (A և B մասեր)

- Մաս A-ում մեկ րոպեում լուծեք հնարավորինս շատ խնդիրներ: Այնուհետև փորձեք բարելավել ձեր արդյունքը՝ մեկ րոպեում պատասխանելով Մաս B-ում ներառված խնդիրներին:

Թիրախային վարժանք

Նյութ՝ 1 զառ

- Վարժության համար ընտրեք թիրախային թիվ (օրինակ, 10).
- Գցեք զառը և ասեք այն մյուս թիվը, որն անհարժեշտ է թիրախային թիվը ստանալու համար: Օրինակ՝ եթե դուք գցում եք 6, ասեք 4, քանի որ 10 ստանալու համար 6-ին պետք է գումարել 4:

Թափահարեք մետաղադրամները

Նյութ՝ Պեննիներ

Պեննիների քանակը կախված է ընտրված թվից: Օրինակ, եթե աշակերտներն ընտրել են որպես գումարի արդյունք 10 թիվը, նրանց հարկավոր է 10 պեննի:

- Թափահարեք պեննիները և գցեք սեղանին:
- Մետաղադրամների «արծիվ ու գիր» կողմերի գումարման երկու արտահայտություն նշեք: (Օրինակ, եթե աշակերտները տեսնում են 7 արծիվ և 3 գիր, նրանք պետք է ասեն 7 + 3 = 10 և 3 + 7 = 10:)
- Խնդիր. Գումարման երկու արտահայտության փոխարեն ասեք չորսը: (Օրինակ, 10 = 7 + 3, 10 = 3 + 7, 7 + 3 = 10, և 3 + 7 = 10:)

ՄԻԱՎՈՐՆԵՐԻ ՊԱՏՄՈՒԹՅՈՒՆ   Դաս 30 Ամառային փաթեթ   1•6

Մրցիր, գցիր, գումարիր (կամ հանիր)

Նյութ՝ 1 զառ

Գումարում

- Երկու խաղացողները սկսում են խաղը 0-ից:
- Նրանցից յուրաքանչյուրը գցում է զառը և զառի թիվը գումարում է նախորդ ռաունդների զառերի ընդհանուր թվին: (Օրինակ, եթե խաղացողն առաջին ռաունդում գցել է 5, նա ասում է. 0 + 5 = 5:)
- Խաղացողներն արագ գցում են զառերը և գումարում են զառերի թվերը՝ մինչև նրանցից մեկը հասնում է 20 թվին՝ առանց այն անցնելու: (Օրինակ, եթե խաղացողը 18 թվին է հասել և գցում է 5, նա շարունակում է գցել զառն այնքան ժամանակ, մինչև 2 չի գցում:)
- Հաղթում է նա, ով առաջինն է հասնում 20-ին:

Հանում

- Երկու խաղացողները սկսում են 20-ից:
- Նրանցից յուրաքանչյուրը գցում է զառը և զառի թիվը հանում է նախորդ ռաունդների զառերի ընդհանուր թվից: (Օրինակ, եթե խաղացողն առաջին ռաունդում գցել է 5, նա ասում է. 20 − 5 = 15:)
- Խաղացողներն արագ գցում են զառերը և հանում են զառերի թվերը՝ մինչև նրանցից մեկը հասնում է 0 թվին՝ առանց այն անցնելու: (Օրինակ, եթե խաղացողը 5 թվին է հասել և գցում է 6, նա շարունակում է գցել զառն այնքան ժամանակ, մինչև 5 չի գցում:)
- Հաղթում է նա, ով առաջինն է հասնում 0-ին:

Կրեդիտներ

Great Minds® -ն ամեն ջանք գործադրել է հեղինակային իրավունքով պաշտպանված բոլոր նյութերի վերատպման թույլտվությունը ստանալու համար։ Եթե հեղինակային իրավունքով պաշտպանված սույն նյութում որևէ սեփականատեր նշված չէ, խնդրում ենք կապ հաստատել «Great Minds»-ի հետ՝ այս մոդուլի հետագա բոլոր հրատարակված և վերատպված տարբերակները պատշաճ կերպով հաստատելու համար։

9 781649 291608

Printed by Libri Plureos GmbH in Hamburg, Germany